人才管理大戰略

決定企業長期強盛或短暫成功的關鍵經營技術

How Great Companies
Systematically Manage
Their Talents?

鄭晉昌 博士 ——— 著

邱立基 ——— 協助寫作

古往今來，人才是永恆的追求

中華郵政董事長

翁文祺

　　這是一個大時代！大時代要有大思維，大視野，大戰略，而人才的發掘、培養、留用和發揮正是大時代國家昌盛、企業決勝的關鍵。

　　「得人才者得天下」是顛撲不破的真理，而這個真理也在不同的時空背景下，考驗企業領航者的智慧。2,500 年前，僻處西北的秦國被譏為「粗鄙無文」，秦孝公一紙求賢令打開人才的疆界，廣招天下賢士，勵精圖治，成就了秦國最終一統華夏的偉業。秦孝公的知人善任，惜才愛才，與商鞅的「士為知己者死」的熱血情操，千古傳唱！相同的故事不斷在歷史的長流中重演。戰場移轉到企業界，用人唯才者總是能在凶險的商戰中最後勝出。

　　台灣自然資源缺乏又遭逢外交孤立，能在七〇年代創造傲人的經濟奇蹟，原因無他，惟人才耳！如今不僅 GDP 敬陪四小龍末座，更面臨亞洲四小虎來勢洶洶的挑戰，台灣人才養成速度、深度明顯不足，加上面臨鄰近各國挖角的窘境，更凸顯政府及企業的人才策略無法在全球化浪潮中與時俱進的危機。台灣的低薪不足以留才，僵化的法規也令外來人才卻步，在這場無可迴避的人才爭奪戰，我們落處下風，正面臨了「人才逆差」的窘境！

此刻我們不妨回顧秦國如何在戰國爭雄的年代，用開放的胸襟、優渥的條件吸納商鞅和李斯這些人才，蔚為大用，終成大業！人才戰略不是新命題，無論古今中外，不管公私部門，人才終究是成敗的關鍵！

　　《人才管理大戰略》是一本潮書，也是一本好書。作者為這個議題賦予切合時代意義的思維，提出科學化的執行方法，建構一套實用的操作流程，並就人才的選、用、育、留各層面加以分析論述，實可作為企業追求人才的教戰守則及永續經營的戰略指南。

　　鄭晉昌教授是我的高中同學，浸淫人力資源領域近三十年，作育英才無數，如今推出這本經典之作，對於企業界的人才策略必然助益良多。好書不藏私，願與讀者諸君共享。

人才管理是企業永續經營的王道

一零四資訊科技股份有限公司 董事長，104 人力銀行 創辦人

楊基寬

　　當前國內企業面臨兩個最主要的議題，分別是「轉型」與「接班」，其中又以接班問題最棘手，若無法找到適合的企業接班人，不但轉型無望，連承續現有的局面都是巨大的挑戰。

　　然而很多企業面臨接班議題或高階主管出缺往往採取外覓人才的方式解決。但全然外覓人才，又會承受很高的風險，這個風險分別來自於企業與候選人；企業的風險包含能否給予空降主管發揮的環境、空降主管能否有效建立內部的人際網路以及融入企業文化；而候選人的風險在於能否取得充分授權、建立與下屬的信任關係、達成數個短期的戰果為後續的成功做準備。由於有這麼多的不確定因素，也就不難理解空降主管的陣亡率是如此的高。根據一項國內的調查數據顯示，空降高階主管的陣亡率高達 80％，這與 104 自身的經驗差不多。冰凍三尺非一日之寒，現有的問題就是許多企業過去吝於投資時間與金錢於發展內部人才管理與培育員工能力的結果。

　　根據一項國外的調查報告顯示，擁有成熟的人才管理制度之企業，其業務拓展速度、銷售與利潤增長率都是缺乏人才管理制度企業之數倍以上，所以企業積極於人才管理上的投資，必定獲得可觀的回

報。然而，要如何增加企業人才的板凳深度並解決國內企業接班問題呢？要如何正確的投資於人才管理活動而不會浪費公司寶貴的資源呢？解決上述問題，除了向歐美標竿企業學習外，發展出符合本地企業需求的菁英人才管理方法、流程與工具更是當務之急。

非常高興本書作者鄭晉昌教授開始針對台灣企業的接班問題進行關注並提出解決良方，其 SPADARR（斯巴達人才管理模式）方法論，若企業確實的執行，相信可以解決企業人才水位不足的問題；值得一提的是鄭教授擔任 104 顧問已近十年，除了協助建立菁英人才管理制度外，亦協助 104 人資學院（104 集團的事業單位）發展出許多與菁英人才管理相關的顧問服務與 e 化系統，包含制度建立、人才測評工具、企業教練服務等等，個人也期望 104 能於接班人培育與菁英人才管理上能對台灣本土企業有所貢獻，協助其永續經營，再創新的巔峰。

人才定江山，做就對了！

一零四資訊科技股份有限公司 總經理

阮劍安

　　近幾年在台灣的職場上，上班族關心的是薪資競爭力的無奈，而企業經營者遭遇的不是企業發展的人才荒，就是企業經營接班斷層的挑戰。這兩個勞資之間的議題，都可以從鄭老師的大作中以「人才管理」的角度找到適切的剖析。

　　「人才管理」本身不是口號及概念，而是一套完整周延的「系統工程」——這是我利用 2015 年春節假期讀完此書後第一個浮現在腦海中的獨白。在自己過往的工作中，經歷了台灣企業、外商公司、系統製造、網路服務，以及被培育為接班人，也擔任了接班人規劃的負責人。每讀完這本書的一個章節都會帶我回到記憶中的某一個時空的場景，原來那些經歷（不論是成功或失敗，愉快或辛苦）都落在企業經營的人才管理範疇中。有了這本書的上市，讓大家可以更容易掌握「人才管理」的各個面向，個人期許各位讀者在讀完本書後，可以如同本書終章所提到的「把這本書用出來！」

　　企業主——人才管理不是只有大公司及外商才需要知道的經營模式，因為人才的稀有性是普遍的問題。

　　非人資主管——人才管理不是只有 HR（人力資源）需要知道及

負責的任務，因為你的團隊中沒有人才遲早要吹熄燈號。

　　人資主管──人才管理不是老闆說了就算，因為它是一個周延的人資專業系統工程管理，要做了才能算。

　　上班族──人才管理不是公司可以單方決定的，因為人才管理的中心是人才本身。

　　經驗告訴我們，人才管理最大的挑戰是，「它不保證一定成功，但永遠不嫌太晚開始做！」

　　做就對了！

打造一片鬱鬱蒼蒼的森林

現為德碩管理諮詢公司〔ABeam Consulting〕大中國區執行副總經理〔Principal〕
負責人力資源管理服務〔Human Capital Management Services〕
曾任職中國生產力中心、Arthur Andersen Business Consulting
德勤管理諮詢〔Deloitte Consulting〕

黃于峻 Eugene Huang

很欣賞一句名言：「如果你想收穫一片森林，最佳的種樹時機是二十年前，次佳的時機是**現在！**」

而古老中國早有明訓：「一年之計，莫如樹穀；十年之計，莫如樹木；終身之計，莫如樹人」（語出《管子權修篇》）。這就是一般歸納為教育界常用成語「十年樹木，百年樹人」的原出處！

人，能成才；組織，則累積眾人之才而得以成就功業。大組織如國家，培育人才從幼兒基礎教育開始，政策面規劃的是幾十年的整體教育體制（台灣近年來甚至必須從鼓勵生育著手）；一般企業組織培育人才，探討的是如何吸引具備優質條件員工加入，並打造一個能夠使其滋養發展並持續貢獻的環境。

人才管理的關鍵，其實取決於企業主「看長或看短？」然而這簡單長短期目標權衡，在企業主／職業經理人腦中思考的卻是百轉糾結，涉及到策略、產業、競爭、規模、速度、成本、效益、內部管理公平性、員工滿意度、甚至是內部派系、二代接班種種治絲益棼的議題如：

「公司需要什麼樣的人才？如何界定人才？」

「如何挖角這行業最強能手來公司？要給多少薪酬？」

「公司這樣的規模／獲益／發展空間／企業文化能留的住這樣的人才嗎？」

「今年訓練經費佔營收多少百分比？怎麼有效運用？投資效益為何？」

「公司管理階層懂不懂如何帶領員工？中階主管培訓與高階 Leadership Program 怎麼規劃才好？」

「公司如何公平的評量員工績效並給予適當報酬以獎勵留才？」

「人才的潛能如何評量？如何給予發展空間與機會？」

「關鍵人才離職風險高不高？如何降低離職率？」

「公司需要什麼樣的接班計畫？或現在想這個還太早，不切實際？」

以及衍生的另外兩個問題：

「如何評估這整個人才管理的投資成本效益？評估期是一年？五年？十年？」

「要回答以上問題並妥善建立人才管理制度，公司該不該聘用一位更專業的「人資長」（Chief Human Resources Officer）？或是聘請外部顧問來協助建立相應制度？」

很高興與筆者亦師亦友的鄭晉昌教授寫了《人才管理大戰略》這本書，探討的就是上述這些議題，給予對這主題有興趣的企業主／經理人一本觀念實務兼具的參考好書，填補台灣在這主題鮮少有系統著

述的缺憾。

筆者讀管理類書籍通常從三個角度切入：觀念性、操作面、與落實度。觀念性源自於書中的名人名言、案例經驗、數據分析推論，以及作者反芻思考；操作面可借鏡於書中的執行架構、流程制度、表格範例、與執行要點；而落實度則要看書中如何考量現實環境、企業準備度、與可用資源的綜合歸納重點。

從觀念性來看，這是一本企業主應該要讀的書，因為內容提到的許多觀點都是企業高階主管必須能領悟才會下決策、訂方向、投入資源，支持人才管理之執行。

從操作面來看，這更是一本值得 HR（人資）部門，特別是負責人才發展工作者加以研讀的參考書。舉凡職能模型、人才之策略／規劃／獲取／發展／評鑑／盤點、以及留任接班、成效評估等，本書利用個案與表格範例清晰有序的將整個人才供應鏈模式深入淺出地講解，極具參考價值。

最後，從落實度而言，本書除了提供許多個案參考，亦扼要地點出利用數據分析與資訊系統來協助人才管理落實。在這互聯網與資訊科技發達的時代，如何將人才管理之政策／流程／制度／表單融合入可具體操作的人資系統、行動裝置、雲端平台、大數據分析，亦是人力資源工作者的重大挑戰。

鄭晉昌教授與協助寫作的邱立基先生皆是理論實務兼備的人力資源專家。在這快速競爭的時代，我們亟需有突破性人力資源創新的作

法。縱使我們無法回到二十年前栽植幼苗培育一片森林，把握當下的今天卻是為二十年後能看到巍巍挺立鬱鬱蒼蒼的樹林而播下種子的唯一契機。有志之士，可以從研讀這本書調整觀念、學習方法開始，期望本書能為高階主管及 HR 工作者帶來莫大助益，亦為人才謀求更好的發展環境！

寫于　2015 年 2 月

人才管理大戰略 | 目錄 |

How Great Companies Systematically Manage Their Talents?

人才資本是台灣企業的最後競爭力

　　兩年前，我在一個偶然的機會下，應邀至一家從事研發與生產消費電子產品啟動開關（Switch）的台資企業擔任人力資源（HR）顧問。

　　這家企業員工人數約九百多人，總部設在台灣，在中國大陸福建及江蘇兩地設有工廠，上游客戶包括德商西門子、美商惠而浦（Whirlpool）、日商松下及韓商三星等知名國際家電及手機大廠，在電子業界小有名氣。公司董事長最具雄心的計畫就是開發一套「智慧型全自動組裝開關零配件」的機器人。但是，當我一到他們江蘇廠及台北總公司參觀時，就發現這間公司發展上的困境。

　　江蘇廠的廠長年紀已過六十，每天指揮著三百多位作業員排班進行產線的工作；台灣總公司的研發辦公室裡，僅坐著幾位學經歷並不突出的年輕人在進行產品的研發設計；公司中人事制度中僅有「考勤」、「獎懲」及「薪資」是完整的，而且人事主管並沒有受過專業訓練。總經理告訴我，公司早有計畫開發「無線開關」（Wireless Switch）相關產品，但是一直組不成有效率的開發團隊，同時找進來的年輕人也不願待在工廠吃苦，這使得公司業績始終維持在低檔。

　　與上述故事相對照的是新北市的一家軟體公司，我同樣地曾在該公司擔任人力資源（HR）顧問。該公司主要開發多媒體影音相關軟體系統，也曾是台灣上櫃公司的「股王」，在業界極負盛名。

　　這家公司的董事長及總經理對於人才晉用則非常挑剔，它找進來的產品研發人才皆是國內外頂尖大學畢業生，薪資給付水準業也高於本地同業平均水準。這家公司的員工人數近五百人，總部設在台灣，同時在歐美及日本有營業據點。公司獲利相當平穩，「人均產值」之高羨煞同業。

　　但好景不常，這家公司原先立足在以所謂「WinTel」（即微軟的「視窗」作業系統及英特爾公司的電腦中央處理器核心）架構為主的 PC 軟硬體市場逐漸萎縮，新一代的行動裝置的主流作業平台是蘋果（Apple）的 iOS 及 Google 的 Android 作業系統，這讓傳統的資訊產業界面臨極大衝擊，也使該公司的業績受到波及，業務量逐漸下滑。公司高層有鑑於整體產業趨勢變化，發展策略亟須調整，它原有的核心技術能力必須重新轉向，朝向行動載具軟體系統開發，業績才有持續提升的可能。在這樣的困境中，我也見證了該公司的關鍵技術人員，因為都具備良好的專業職能，他們才能在短時間內重新學習新技術，開發新規格的產品，使得公司能夠在行動載具軟體系統市場上，迅速地取回一席之地。

台灣「人才經濟不振病」告急中

以上這兩家公司的故事可以凸顯企業對於「關鍵人才」的掌握度如何，直接攸關企業的生存競爭能力。

這兩家企業的最高領導人都洞悉了公司未來該發展什麼產品策略，但是對於人才管理的觀念截然不同。第一家生產電子產品啟動開關公司的董事長，企圖用低薪延攬市場上的人才。這種做法看似可以控制公司的人事成本，但是卻無法協助公司開發新產品，拓展新的商機；而另一家軟體公司的董事長，卻有意識地用高薪獵取市場上優秀的人才，組建出業內更具實力的研發團隊，後來這種策略的確在它緊急需要轉型的時候，帶給公司莫大的助力。在同樣有遠見的領導者帶領下，**誰的關鍵人才水準較高，將決定這兩家企業未來的機會與命運**。

近幾年，國際經濟情勢詭譎多變，許多台灣企業處於劇烈的國際競爭環境中，著實陷入了困境。事實上，許多問題的根源都在於關鍵人才的管理品質。

根據國際知名的韜睿惠悅（Towers Watson）顧問公司在 2014 年所發佈的整體獎酬市場調查報告顯示，在亞太 13 個國家中，台灣高階主管的薪酬水準排名第十，不但落後於新加坡、中國、日本、南韓、香港之外，甚至被泰國、馬來西亞和印尼所超越。在報告受訪的亞洲國家中，僅比菲律賓、越南及印度三國稍好。

另外，根據英國「牛津經濟研究院」（Oxford Economics）與韜

睿惠悅、美國國際集團（AIG）、南加州大學「高效組織研究中心」等機構合作的〈全球人才2021〉（Global Talent 2021）研究報告也顯示，台灣是46個接受人力市場展望調查的國家中，被評為於2021年「人才供需落差」（Mismatch between Supply and Demand for Talent）最嚴重的國家——更直接一點的說法是：以現狀看未來，台灣是全球主要與新興經濟體中企業人才需求最吃緊的區域。這份調查的結果也突顯出台灣社會生育率低、人口老化等問題，尤其值得關注的是台灣的「人才培育方向」和「未來市場需求」不相符。這項劣勢若再加上台灣的薪資不具競爭力，人才紛紛外流海外，將造成許多台資企業既無法吸引優秀人才，也無法在市場上找到合適人才的窘境。

如果以大家已耳熟能詳的「知識經濟」時代做分野，全球化的環境使企業間競爭日益劇烈，除了過往的技術和資本競逐，對於「擁有關鍵知識人才」的競爭也因為知識經濟崛起而更殘酷——而且台灣已經確實輸掉了這場比賽的上半場，下半場的展望也十分堪憂。容我借這本書的序文篇幅，先說一說我們是「怎麼輸的」，或者更深入探索地問：為什麼許多台資企業經營管理階層的想法或觀念，會使我們贏不了人才戰爭？我們又該改變些什麼？

（1）人才是企業的「資產」，不是成本

多年來我和企業界的合作經驗裡，仍然看見絕大多數台灣公

司高層在看待企業人才的運用時，會先從「成本」的角度思考。

於是，精打細算的結果，就演變為強調對員工的薪資給付、工作福利及訓練發展施以嚴格成本管控的制度。這種成本控制雖然可以帶來短期財務上的效益，但長期而言，負面的效果就會浮現，包括員工忠誠度降低，員工知識技能愈來愈不敷使用。如果日後企業無法有效處理這些忠誠度低且知識技能難為所用的員工，反而會對企業帶來災難（這就是現實情況下許多台資企業所面臨的困境）。想要重振人才的品質，我們的企業應該先翻轉為「由資產的角度來看待人才的運用」，唯有透過對人的長期投資，加值企業內的人才資本，才能為企業帶來更深沉持續的價值。

(2)人才能夠「跨域流動」

絕大多數台資企業主認為工作機會供需掌控在於企業，不在於個人。如果現在還是處於農業或工業型的經濟時代，在資訊不對稱的情況下，絕大多數工作機會的確是掌握在企業主手中，企業可以有效掌握人才市場的供需。但在知識經濟時代後，尤其是網際網路使資訊流動速度更快速之後，許多工作機會已不再受地域的限制。再加上，各國政府間區域商業協定的簽署、移民法規的鬆綁、跨國獵才公司的操作等，使「人才跨域流動」將成為常態。這就是為什麼許多國際知名企業來台挖腳，許多國內學成青年移至他地工作，以及對岸陸資企業對台灣人才磁吸效應也愈來愈明顯。

在可見的未來，人才可以更自主地掌握工作機會，台灣地區人才

跨域流動的現象只會愈來愈明顯，而在大環境不利的情況下，台資企業將更難找到所要的人才。我們必須更有系統的管理人才，能夠對人才的運用進行規劃與預測，才能有效地面對人才流失的風險，也更能有效地留住想要的人才。

(3) 學歷只是人才的量測指標「之一」

至少到目前為止，國內企業取才仍多傾向以學歷或以學校教育的表現作為人才評核的標準，採用這種文憑知識技能作為人才評選依據，其實非常違背未來企業競爭的潮流。許多研究及現實生活中的實例已顯示出，讀書精通、用功向學的人，即所謂「Book Smart」，不一定能在職場上，比在俗世中歷練成熟、巧妙求生的人（也就是「Street Smart」）表現傑出。企業選才應更重視個別人才持續學習的能力，以及其對於工作熱愛的程度。研究發現，一個人不能夠持續學習及抱持工作動力，很難在工作上有好的表現。企業應根據發展策略，訂定一套「人才規格」，作為人才選、訓、用、留的依據，這樣的企業才能更精準地選取、開發與運用人才。

我們需要一套全面嚴謹的人才戰法

在人力資源的議題圈內，自 2008 年美國賓州大學華頓商學院（Wharton School）的教授彼得‧卡裴利（Peter Cappelli）發表了鉅著《按需供應：在不確定年代如何管理人才》（Talent on

Demand: Managing Talent in An Age of Uncertainty）一書後，開啟全球許多國家與各級企業對於人才管理的重視。從該書中不難發現，一些世界頂尖的標竿企業，對於人才的重視程度與管理效率，的確優於其他同業競爭者。而在經濟全球化的趨勢下，誰對於關鍵人才的掌握更好，絕對左右企業對決的勝負。

在這本書中，我將會試著將個人過去長期主張的「組織中的人才管理是一項持續且系統性的工程活動」這項概念更明確的呈現出來。特別要提的是，我之所以用「工程」這個字眼，用意很明顯：人才管理其實就如同企業從事產品與服務的開發與製造，一樣的需要「系統化」的「工序」。這件事從前瞻綿密的規劃到各個環節精確地執行，都需要系統導向的思維與作法。各個環節如果無法銜接且脫序，就無法達到管理的效果。凡屬於隨機與突兀式人才管理的思維與作法，絕對會對企業日後的經營發展帶來難以彌補的問題與災難。

給讀者的閱讀藍圖

既然這本書是基於我對於人才管理系統思維與作法的考量而設計，書中的內容會分為四個主要部分討論：

第一個部分是人才管理觀念的解析與企業組織人才管理架構。

主要說明企業人才管理活動必須要有系統性的思維導引至相關制度的建立與精緻細膩的操作流程。

第二個部分是人才管理活動的核心與循環。

這些章節將探討人才管理各個環節的執行方法，包括職能模型的

建構，組織人才的規劃、獲取、發展與評鑑，展現系統性的管理手法。

第三部分則深入探究三個人才管理的關鍵議題——人才盤點、CEO 接班計畫與留才措施。

人才盤點可以掌握組織關鍵人才的儲量及流失風險；繼任計畫是人才盤點活動的核心；留才措施可以擴大人才管理的效果。

本書最後一個部分則是談到企業對人才管理活動的成效評估。

透過成效評估可以有效檢視各項企業人才管理活動的良窳，確保人才管理可以有效落實組織策略的執行。

本書能夠順利地付梓出版，我必須由衷地感謝前埃森哲（Accenture）大中華區「人才與組織績效」（Talent & Organization Performance）部門副總裁邱立基先生在寫作初期的鼓勵，以及他在寫作過程中，在章節架構及內容撰寫上給予指正，得以讓本書能夠更貼近讀者的需求。同時，作者更要感謝大雁出版公司鄭俊平總編輯的大力支持。

本書撰寫之時，正處於國內閱讀氛圍蕭條，出版市場萎縮的情況，本書在發想之初曾與多家出版公司洽談，但多不被看好。然而，鄭總編輯卻對本書有另一番解讀，認為人才管理整體的觀點與知識，的確是國內企業目前缺乏的，不但仔細聆聽我與邱立基先生的主張，並盛情地傾力相助，對於本書的論述架構與內容

鋪陳給予寶貴的建議。

　　回到寫作的初衷，最終我希望透過這本書協助台灣企業高層主管及人資專業人員帶領組織脫離當前我們面臨的各種人才困境，甚至培育、激發更多台灣優秀人才的潛力，這將是台灣企業再求發展的契機與根本——而且十分急迫，我們不能再停步不前。

第 1 部

英雄團隊不會隨傳隨到

許多台灣企業在舉才時，往往缺乏一個清晰的框架。

　　對於「什麼樣的人夠資格與條件當基層主管，什麼樣的人可以升遷至中階主管，而高階主管的人才條件是什麼？」這類問題皆沒有共識。

　　這樣的組織管理模式，對於公司內一個有企圖心的員工來說，他的個人職涯發展也將充滿不確定性，因為他不知道自己的條件究竟有沒有符合公司的期望，他該把個人能力聚焦在哪些領域上發展，才有更多的表現機會……

Chapter **1**

為什麼企業要談
人才管理？

一個企業的競爭力是看一個企業的員工
是增值的資產還是負債。

——「海爾集團」執行長 張瑞敏

我們要以一則發生在某家台灣「交換式電源器」供應商公司的真實故事做為本書開端。以下案例的內容稍經作者改寫，但其間的情節對許多台灣本土企業並不陌生——甚至可能每天都在上演。

下一個領導人在哪兒？

這家公司成立於 1980 年，迄今已有 30 餘年歷史，它製造的多項產品曾榮獲經濟部國貿局的「優良品牌獎」，在業界已奠立了相當的知名度。公司早期採取「OEM ／ ODM」（原廠委託代工或原廠委託設計代工）經營模式，隨著八〇年代台灣電子業代工訂單的快速成長，該公司更逐步轉向經營自有品牌，以「標準工業用電源開發」為其首要的經營策略。

公司的營業額每年以 15％左右的幅度成長，到了 2012 年底，年度營業額已達到 150 億台幣。員工人數自 2000 年始，在十年內迅速從 300 人增長至 2,500 人。同時，2000 年起，公司也隨著其他台灣企業邁向國際化的趨勢，逐步將其產品推向國際市場，在台灣北部某工業區設置了產品及技術研發中心，先後在中國大陸蘇州及重慶設廠製造，又接著在中國大陸、日本、北美及歐洲設立業務據點。由於這間公司創業的五位股東的資產雄厚而且關係良好，董事會目前並不打算申請上市。

公司的組織架構在 2005 年朝向「集團式組織」發展，他們將集團總部設於台北，下轄台北子公司，另外在大陸蘇州、重慶的中國工廠，以及北美及歐洲的業務據點也轉型獨立成為子公司。五家子公司

各自擁有其產品服務的行銷業務版圖，以「利潤中心」的型態各自負責業績盈虧。總部也在香港設立投資事業部，負責企業全球資金的調度。為了管理得宜，集團總部設置五大機能主管，分司研發、技術、製造、行銷業務、行政五項主要業務，負責協調及調度總部與各子公司的各項資源，以應付客戶（包括經銷及直銷商）的需求。

乍看起來，這樣的發展景況相當成熟，但一個「素無遠慮，已有近憂」的危機其實正步步逼近著這家已邁向集團式經營的優質企業。

首先，該公司陳姓董事長不但身兼總經理，同時還掌管集團行銷業務機能的事務，他早年創業，如今已年屆 63 歲了。

這家公司裡的一級高階主管多為早期追隨董事長一起打拚創業的重要幹部，他們不是董事長唸大學時前後期的學長學弟，不然就是在業界相識已久的好友。最近，該公司「北美事業群」的總經理因年事已高，向公司申請退休獲准，其職缺也已由集團總部的北美區業務主管晉升填補。有趣的是，陳董事長自己也開始感覺到「是交棒的時候了」，因此，他開始向公司人資主管反映這個想法，人資單位於是根據董事長的要求，開始尋覓一個能勝任公司產品與服務的國際行銷業務副總級的高階主管。

問題來了，台北總公司的人資主管就集團中可能的人選名單給了陳董事長，但是他似乎不太滿意名單中的人選。一則認為這些人平日的工作表現，不符合個人期望，過去公司在中國、亞洲、北美及歐洲市場，能夠充分掌握客戶動向的也只有他一人，整個公司的國際行銷業務策略也都是由他來擬定。這些被提出來的內部人選，多僅能懂得

單一市場的狀況,尚無法熟稔公司全球市場的運作模式。雖然以往公司也曾要求業務單位的高階主管進行輪調,但都遭到同仁的拒絕,理由也很簡單,家庭因素往往使這些主管無法接受公司外派的任務。

既然內部沒有董事長能首肯的將才,人資單位接著開始與所謂的「獵才公司」接觸,希望藉此找到符合資格條件的國際行銷業務副總。獵才公司很快的給了該公司兩個人選。

其中一位人選的學經歷似乎非常符合公司的條件。這位人選是台大物理系畢業,曾在美國留學,英文能力沒有問題。畢業後又曾經任職於該公司在全球的競爭對手「A公司」一段時間,並在北美地區分公司負責行銷方面的業務。離開A公司後,他又在全球另家知名的電源設備供應商擔任亞洲區高階主管,並負責中國大陸華南地區的行銷業務。

公司方面對這位人選安排了兩次電訪,由公司人資主管及陳董事長個人分別與其晤談,並在2013年一月間邀他至台北總公司參訪,介紹公司的業務及相關人事。這位人選對於公司產品及業務成長表現似乎很認同,同時對於集團國際行銷業務副總一職也具備相當程度的自信。看來,雙方似乎一拍即合。

這位新任的「劉姓副總」於2013年三月舊曆年後到職。但好景不常,歷經三個月的觀察期後,陳董事長非常不滿意他的工作表現,雙方對彼此的期望似乎不一致,於是這位劉姓高階主管主動辦理離職。人資單位又開始與獵才公司接洽。

經過上一次的經驗,他們重新開出條件,尋找下一個可能的人選。

但是，等了六個多月，公司對這些獵才公司提出的名單人選似乎仍不合意。也就是說，該公司「國際行銷業務副總」一職的懸缺了將近一年，仍須仰賴總經理來分擔該職務，這對於年歲已高的陳董事長來說，他心裡感到非常無奈，但又無法限時解決……。

人才管理失調症狀

台灣企業目前面臨最大的問題就是「領導斷層」（Leadership Gap），很多企業主正迫切關注的多半是「接班人」問題——而這其實就是一家企業「人才管理」的問題。除了上述故事的現象外，其他類似的人才問題也已在許多台灣公司（可能也包括讀者所任職的企業！）發生，包括了：

- 如果有重要主管離職，公司高階主管對於組織中後繼人選該有什麼條件，彼此所抱持的看法不是很一致，甚至還相互矛盾。
- 組織的重要職務開缺，公司人資及用人單位主管卻不知道哪一類人較適合，只知道要找到專業的人進來填補職缺。
- 組織無法判斷員工的「潛質」，僅是一味地的施予知識技能的訓練，但效果始終有限。
- 組織中的一些看似績效優良的專業人才，在晉升至主管職後，工作表現卻乏善可陳。
- 組織有許多主管的領導或管理能力的確有問題，但是施予主管訓練很久，效果卻一直沒有起色。
- 組織中的山頭林立，各自有其勢力範圍，每一個高階主管都想

要擴增自己對各項人事的影響力。

● 原本公司已計畫安排某人接替某個重要職務，但是好景不常，
　這個人卻臨陣無法上任，公司就一時找不到適合的人選。

如果上述問題也經常發生在你的公司裡，唯一解決的方法**就是要
建立一套嚴謹的人才管理制度。**

人才管理的迷思

在此，先讓我們簡單下一個重要的定義，那就是這本書要談論的
「人才管理」是絕對有別於企業日常營運中的人力或是對員工行動的
管理（雖然這兩者有作業上的關聯）。

以後者來說，它大致是在處理企業中多如牛毛的「人事問題」：
可能小至員工生病請假，大至可以成為走上街頭、招搖媒體的勞資糾
紛事件。這些事件中有的不會立即影響公司日常業務運作，但是有的
卻會立即危及公司的形象及生存競爭。一般來說，具有相當規模的企
業多已對這類事宜建立了明確或是慣例性的處理原則。

至於如本章開頭故事中提到的國際行銷業務副總一職，對那家公
司來說，可以說是一個關鍵且重要的職務，因此它在尋求擔任該職務
的人選時，抱持異常謹慎的態度。

可是話說回來，為什麼這樣一個重要的職務，公司方面卻沒有及
早規劃接班人選，反而是事到臨頭，才開始感到無奈與焦急呢？為什
麼我們對於「人事問題」早已有相當常規、系統化的作業，卻不曾想

對更事關重要的「人才問題」建立起一套基礎做法？

　　這的確反映了許多台灣企業內一個普遍的現象，那就是本土企業的高階經理人極少花心思關注於公司內部人才的管理與發展。這裡可能存在許多迷思。

迷思一：對於人力資源管理專業的質疑

　　這個迷思可能來自於企業高階經理人對於人力資源管理專業本身的個人知覺。許多企業高階經理人對於「成效容易量化、即時且顯而可見的管理技術」似乎情有獨鍾，他們很容易就接受某些管理技術的專業性。

　　這類管理專業包括技術、財務、採購、製造、資訊、行銷、業務。例如，財務報表上的數字很快就能反應公司的治理成效。同樣的，產品製造與客戶服務的品質，也很容易反應在「產品良率」及「客戶滿意度」上。至於技術研發，則可以由是否能取得「技術專利」及「未來客戶對於產品功能的接受度」等指標見證研發的成果。因此，這類管理專業顯示的效果及邏輯結構，對於那些心理急於見到經營績效的企業高階主管來說，的確具有較大的說服力。

　　但是，「人力資源管理」的專業不然。「十年樹木，百年樹人」這句話已經道盡「人才的培養與管理」本身就是一個花錢費時的過程，而且成效難以預測。因此，許多企業主管將人力資源管理視為一項「藝術」，他們認為那是人性難以捉摸的、「運用之妙，存乎一心」的行為。

　　由於人力資源管理本身是一個「軟性科學」（Soft Science），

它的管理體系邏輯架構以及成效衡量似乎無法讓企業中每個主管都能信服。因此,多數企業主不願意花太多時間與心思投入組織中的人員發展。**這個迷思可說是台灣本土企業在管理上的一個魔咒,嚴重影響台灣本土企業在國際經濟舞台上的表現**。因為人才不足及人才潛能無法被充分激發,使台灣許多企業在國際化過程中,無法有效且持續的競爭。

迷思二:「非我所創」(Not Invented Here)的消極保守心態

關於企業人才管理,台灣坊間充斥各式各樣書籍及期刊行銷宣導過這個觀念。許多國際標竿企業的案例如奇異(GE)、IBM、西南航空、聯合利華、Google 等知名公司的做法,的確讓人耳熟能詳。舉個例子來說,GE 最受人矚目的就是它非常重視公司各級領導人才的培養。GE 前總裁威爾許(Jack Welch)在他的自傳中就很清楚地描述他每天花費大量時間來輔導與培育他的下屬,激發其潛能。同時公司也大量運用財務性報酬(如股票選擇權、紅利、員工分紅、績效獎金等)來激發員工的工作動機,獎勵員工的工作表現。

Google 也是個令很多工作者稱羨的公司,它的企業文化強調自發自主的工作氛圍,員工也樂於分享個人的知識與工作技能。在人力資源措施上,Google 特別強調創新,因此它在招募及甄選人才時,特別想了解應徵者是否具備與眾不同、獨豎一幟的思維模式,以符合該公司選才的標準。

不過,由於上述這些全球性公司都是組織規模相當龐大,或經營

歷史相當悠久的企業，因此內部的人力資源制度與措施非常完備。相對於台灣本土企業，組織規模小，同時管理系統沒那麼複雜；而且絕大多數台資本土企業的經營歷史僅歷經一代創辦人的時間而已，管理經驗的累積十分有限。

　　儘管那些標竿企業有許多方面值得學習，但是許多企業主管仍抱持一種消極的心態，認為台資本土企業的文化與組織生態與這些大企業不同，不能將一些人力資源或人才管理相關措施直接移植至本土企業。也就在這樣的「非我所創」消極心態下，他們不願向那些標竿企業積極取經，使台資本土企業在人才管理相關制度的推動上仍躊躇不前。

迷思三：難以掌握人才發展的「投資報酬效益」

　　前面提到「領導斷層」是許多台灣本土企業普遍的現象，歸究起來，病因就是企業平口就沒有投入大量資源在人才培育上。之所以會如此，有一個說法指出，那是因為企業可能擔心投入許多資源培育一些有資質潛力的員工後，日後如果這些員工選擇離職，到其他的企業去服務，那企業不就是浪費了許多資源，甚而反替其他企業造就了人才——所以相對來說，這將是種得不償失的行動。

　　另一個類似的說法則以同樣邏輯由反面陳述：許多企業認為「想要較快取得人才，從外部挖角似乎比從內部自行培育來得更快，同時成本也節省許多。」尤其目前許多產業技術變遷非常快速，許多企業無法自行發展相關技術，透過外部人才的引進，就可以協助他們更快取得公司所需的關鍵技術。

基於上述兩個「似乎言之成理」的觀念，相對於歐美企業，台灣本土企業對於人才的投資，明顯低於歐美一些先進國家的企業。

根據美國訓練與發展協會（American Society for Training & Development）近十年的產業調查報告顯示，以「員工年度個人教育訓練費用占個人年度所得的百分比」這個企業人才投資衡量指標為例，美國企業員工年均教育訓練費用占其個人年薪資所得約 2％到 4％左右；而台灣地區的狀況（這還是僅以台灣上市公司電子業為對象而已），根據 2001 年「中央大學人力資源管理研究所」林文政教授的調查，員工年均教育訓練費用占其個人年薪資所得約 0.5％左右，遠低於美國企業的平均水準。

正由於台灣地區本土企業普遍對於員工訓練與發展上的投資不足，**讓有潛質的人才得不到滋養成長的環境，導致整體勞動市場中人才的素質逐年萎縮**。這使得近年來，許多企業遇到了「在公開勞動市場上找不到適合的關鍵高階管理及技術人才」的窘境。

全球知名的人力資源顧問商「萬寶華集團」（Manpower Group）在 2012 年針對全球四十多個經濟發展成熟國家企業主，進行「企業人才短缺」的調查。這個調查在「雇主面臨徵才困難比率」的結果上顯示（參見圖 1.1），全球受訪企業整體平均有 34％企業主認為其企業遇到徵才困難的問題，而台灣地區企業的平均百分比為 47％，遠高於全球受訪企業的平均值，這也顯示了台灣企業要更進一步強化人才管理的措施。

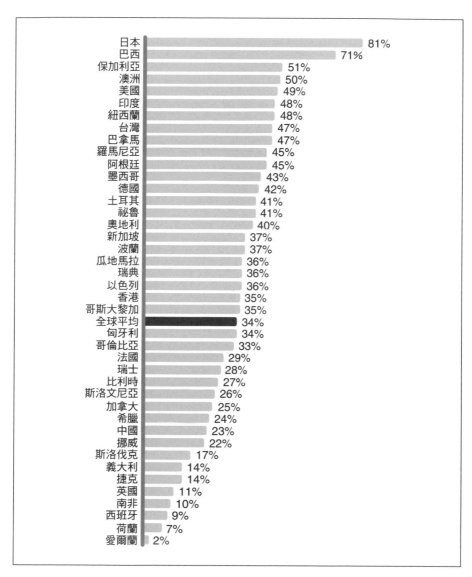

資料來源：Manpower Group，《2012 年人才短缺調查》（2012 Talent Shortage Survey Research）

圖 1.1　各國雇主面臨「徵才困難」比率

迷思四：個人權位自我保護心理的作祟

企業主管對於人才開發不夠積極的另一個可能迷思，則來自於主管個人對於權位的自我保護。

掌握人事權，並運用「密室政治」來處理重要職務的人選是台資企業高階主管對於人才管理常用的模式。之所以這樣做，無非是希望構築個人的勢力範圍及鞏固自身在組織的影響力，以保護個人既得的利益。這是人之常情的心理，但可能對組織發展帶來負面的影響。

事實上，組織中人才管理與發展的遊戲規則如果不明確、不公開或不公正，就可能無法留住那些有企圖心的員工（因為這些人希望有一個公平競爭的管道與機會）；同時，也反而讓那些有心取巧，尋求走後門的員工有機可乘，讓組織在在人才網羅時喪失許多選擇的機會。這樣的企業也會因人才來源管道受限及好人才流失，因此喪失長遠的競爭利基，最後甚至導致衰敗。

更全面看待人才管理

上面所描述的一些迷思，皆是我在進行許多企業內人力資源專案諮詢的過程中觀察到的現象。當然，這些現象都是身為現實世界企業高階主管很自然的心理反應，本書的目的就是要針對這些迷思提出對策。讓企業高階經理人能夠更深入思考，並理解企業人才管理方面的一些議題，並對於自身所處企業的人才管理措施有一定程度的作為。

人力資源管理已發展成一門嚴謹的科學

在學術與實務界數十年來的共同努力下，已經蓄積了許多實證資

料與實務經驗，可以讓企業人力資源朝向更有系統及科學化的方向來進行管理。當然，這些人力資源管理解決方案結合了其他精密的學科技術，包括「心理測量學」（Psychometrics）、統計學、工業工程及資訊科技。舉例來說，心理測量學在人員甄選的過程中，可以有效的衡量出一位員工的工作特質及領導力；統計學中的「資料探勘」（Data Mining）技術，可以從多年累積的人事資料庫中，深入解析高績效專業人員所具備的人口剖面圖（Demographic Profile），以協助企業更精準的判斷及尋求相關的專業人才；工業工程中「企業流程再造」的概念結合資訊科技在「工作流」（Workflow）及資料處理方面的技術，可以協助企業人力資源管理用數位化的方式節省成本，同時運作更具效率。

在學術研究方面，透過許多不同實證性的研究方法，已證明許多組織與人力資源管理所存在現象間的因果關係，例如：

- 企業的聲譽及雇主品牌效應會直接影響企業招募的效率；
- 員工的某些特質與工作績效間存在著緊密的關係；
- 主管與部屬間的關係會影響員工留任的意願；
- 員工缺勤的狀況與企業績效間有明顯的負向關係；
- 組織成員的多樣性（Diversity）有助於企業創新；
- 員工工作投入感與企業績效間呈現明顯的正相關。

既然當前的組織人員管理可以運用一些更科學的方法進行有效的管理，企業經理人應該揚棄過去運用個人直覺來管理人才。在過去，

人力資源管理中一些被認為是「藝術」的成分，已逐漸被科學的方法解構出來，這正如同編導一部電影，許多能夠觸動觀眾情緒（如：恐懼、驚嚇、感傷、憤怒）的一些情節要素，已經被系統性地解析出來一樣，這可以讓一位導演用以刻意安排電影情節的呈現方式與節奏，以預期並掌控觀眾可能的情緒反應，以獲取觀眾共鳴。企業組織中的人力資源管理，現在也可以運用一些科學技術，達到組織管理預期與所欲達成的目的。

本土企業應尋求運用客製化的人才管理解決方案

企業存在的目的就是要追求財務上的績效，企業管理效率應尋求創新突破，非原地踏步。過去「非我所創」的消極保守心態主要是很多台灣公司管理者無法確認那些知名企業的做法是否適用於自身，或是沒有章法的運用標竿企業的做法，這都有可能為企業帶來災難，尤其當這些作為又觸及敏感的人事問題時。

事實上，人力資源管理顧問界已對很多的疑惑與質疑提出了一些對策。任何企業在進行變革之前，都會要求進行「準備度檢驗」（Readiness Check），了解企業整體人員與相關資源對於某項變革活動準備就緒的程度。如果沒有就緒，而企業主卻有心要規劃、建置及實施組織內部人才管理措施，許多變革管理的方法也可以運用，協助專案的完成。但是，企業主必須要了解一個重點，就是**文化與制度的建立及實施需要一些時間，必須要有決心與耐心**，才能完成這個能讓企業長治久安的任務。

另外，人才管理制度的建置，本來就是需要根據一家企業的體質來量身訂做，而不是一味的遵循標竿企業的全套做法。這本書要提供讀者們一個可茲運用的架構及流程，說明企業人才管理機制應如何系統化的建置。同時，我們在之後也會提供一些工具及指引，供企業主管思考運用。企業主管可以根據自身組織的條件與需求，調整或客製成適合自身組織的一些做法。要是企業本身沒有相關人員有能力完成這個專案，則有必要尋求外部顧問的協助。

透過人才投資可保持領導人才來源管道的通暢

不論在學術研究或在實務運作上，也許很難運用數據證實員工訓練發展與個人及組織績效間有著因果關係的存在。但許多調查顯示，如果企業在員工發展上投入大量的資源，絕對可以對企業的營運績效產生作用。

英國商業部曾在 2009 年針對該國企業進行一項調查，結果顯示，在接受調查的公司當中，如果公司方面提供更強而有力的資源進行員工發展以激發員工的工作投入感，其中有 66％公司數相較於其競爭者，具有較佳的產業競爭力。相對於這些公司，那些不重視員工發展與投入感的公司，僅有 33％公司數相較於其競爭者，具有較佳的產業競爭力。

另一知名的美國人力資源管理顧問公司「合益集團」（Hay Group）也在同一年針對它服務的客戶群進行了一項調查（見下頁圖 1.2），發現了另一個有趣的現象。在受訪的前 20 家最佳人才管理及

領導發展實務的公司，它們的中階以上主管的內部晉升率遠高於其他
公司。這項調查也說明了一個事實，**公司對於領導與管理人才發展上
的投資可以使企業的領導人才的供應比較不虞匱乏，甚至可以大大降
低對於外部人才的需求**。當然這個事實也紓解了前面我們提過許多企
業主不願投資員工教育訓練的原因——憂心員工離職而造成人才投資
的浪費。長期對人才投資的結果，回收的效益絕對比投資的流失還高，
同時也遠比不投資的效益高出更多。

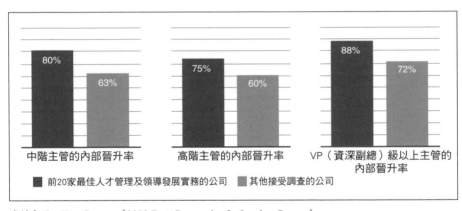

資料來源：Hay Group,《2009 Best Companies for Leaders Survey》

圖 1.2　最佳人才管理企業與其他公司內部主管晉升率之比較

企業應尋求建立一個人才競逐的平台

由於全球的政經及產業環境變動更為劇烈，很多組織現在已經無
法由少數的個別領導者獨力可以扭轉情勢。

「美國創新領導中心」（Center for Creative Leadership）和「德
國貝塔斯曼基金會」（Bertelsmann Stiftung）的一些領導力發展研究

學者即認為，未來社會英雄式的個人領袖將會逐漸退場，取而代之的是集體領導的時代。

最著名的實例就是埃及總統穆巴拉特政權的垮台，當時推翻政權的過程中，有很多人士接受媒體採訪，但「誰在指揮這個運動」卻從來都不明確，僅知道這場運動源自於線上社交網路工具。從歷史發展角度看，未來使用線上社交網路工具世代的民眾一定很清楚，對他們來說，**領導力不是集中在個體**（他們沒有「一個」領導者），領導力是遍布於人群。

所以，現在企業組織的疆界愈來愈模糊了，外部影響勢力隨時可以滲入組織。同時，領導者對於組織中資訊流的控制愈來愈困難，也愈來愈力不從心，亦無法避免不受各種人為與線上社群網路的影響。有許多跡象顯示，企業組織的領導者個人的控制力與影響力，正逐漸式微。

所以，現在的企業領導者與其自我設限，運用小圈圈政治來領導組織，不如化消極被動為積極主動，開放心胸去構築企業成為一個「人才競逐的平台」，匯聚組織成員每一個人的智慧。企業組織可以透過一套透明且公平的人才管理機制，讓組織中的每一個人都有機會成為領導者。

「系統化人才管理」已成為企業趨勢

本書的首個章節到這裡，我們不得不回頭再談人才管理議題的崛起──讓我們先認清一項事實：人才管理並不是一個流行型的「管理

風潮」，它與過去那些來得突然，而在倏忽之間消失的新興策略模式
不同。它已的確成為目前及未來企業必須面對的重要管理議題。就以
本章前面提及的「美國訓練與發展協會」為例，它為了因應當前企業
人力專業環境的變化，這家成立於 1943 年的老牌管理訓練機構甚至
以「換我們來適應你（客戶）」的宣言，在 2014 年決心更名為「人
才發展協會」（Association for Talent Development）。

此外，我們還能從幾個現象及事實來檢視，人才管理為什麼必然
成為顯學，它又是多麼緊迫的議題？

產業環境劇變與知識經濟的發展

從 1980 年代後期，「知識」與「經濟」之間相互結合的情勢日
益強勁，這使得全球經濟發生了根本的變化。一方面，知識參與溶入
經濟活動的程度不斷增加；另一方面，在以提昇競爭力為目的的經濟
活動中，產品與服務的「知識含量」不斷提高。

於是，我們看見了經濟發展比歷史以往任何時期都更加依賴於
「知識的生產、擴散和應用」。以美國為例，自 1990 年代起，美國
政府從微軟公司等電腦軟體產業的迅速發展中得到啟發，決定鼓勵業
界與高等學府進行結合，發展高知識含量並具有高報酬率的經濟，來
抗衡在當時立基於尖端製造業的日本經濟。

目前，美國的資訊產業已超越它國內所有產業總產值的十分之
一，也超過了汽車、建築等重要傳統產業的產值。微軟公司曾一度以
每周四億美元的幅度增加其總資產，這家公司的年產值曾超過美國三

大汽車公司總和。

相較於傳統農業經濟與工業經濟時代，過去的經濟理論認為生產要素包括勞動力、土地、材料、能源和資本。知識經濟則是一個相對的概念，它是一種新型的、富有生命力的經濟形態，「創新」則是知識經濟發展的動力，而具備知識的高素質的人才資源，則是這類企業發展最為重要的資源。現在的企業為了創造產業競爭優勢，如何有效地獲取、發展及維持其組織關鍵人才資源，將成為它們重要的管理議題。

企業朝向全球化競爭與跨地域人才流動

企業競爭的全球化已成為另一個主要產業發展現象。全球化的核心活動，旨在推動生產要素在國際間進行優化配置，而且不僅僅包括資本、勞動力和土地等傳統生產要素，包括科學技術、資訊、管理、人才等要素也融入了國際化的資源配置中。隨著人力資源效用的日益提高，各國已開始啟動對國際人才的爭奪，導致人才市場逐步走向國際化，「人才流動問題」也成為世界貿易組織（WTO）服務貿易談判的重要組成部分。

至於跨國公司的大規模發展，更進一步推動了人力資源的全球流動。首先，跨國公司在進行對外投資時，往往憑藉其技術優勢和人才優勢與東道國進行合作。近些年來，跨國公司調整其經營戰略，廣泛實施人才「在地化」（Localization）戰略，它們充分利用當地合適的人才，開展子公司的業務。此種戰略的意義在於企業擁有一批精通當地經濟、政治、文化、法律等各方面事務的人才，就可以儘快在東道

國站穩腳跟；當獲取了當地的核心人才後，一方面可以增強自身實力；另一方面又可削弱當地競爭對手的實力。正因為有這麼多的益處，人才「在地化」戰略成為許多跨國公司當前首要的經營戰略。同時，這種戰略又導致了人才市場出現「國際競爭國內化，國內競爭國際化」的局面，跨國企業人才資源配置的全球化趨勢只會一日比一日顯著，比如微軟公司就在中國已聘用了近千名的各類人才；而光是摩托羅拉一家公司在中國的研究人員中，也有上千名來自中國著名的高等教育學府。

這樣的世界經濟發展歷程已顯示物質資源與人力資源相比，後者更為重要。人力資源（特別是高階的人才資源），更是發展的關鍵。更值得我們注意的趨勢是：儘管全球企業都已加大了對人力資源的投資，但與迅速的「科學技術發展對人才的需求量」相比，全球企業仍都面臨著人才匱乏的問題。

換句話說，高階管理及關鍵技術人才資源的稀有化，將持續引發全球各地間企業人力資源的爭奪戰。

企業人才管理技術已趨成熟

上述的經濟形勢變化與企業全球化競爭，的確為台灣企業帶來前所未有的挑戰。

有些國家已開始調整修定移民法規以吸引高階專業人才，再加上國際經濟組織成員國間對於人才開放的經濟互惠措施，台灣企業在這場人才戰爭中對於人才的獲取愈來愈困難。以往忽視人力資源管理效

率的台資本土企業，實在有必要正視組織內部人才的管理與發展，才能協助提升自身的競爭力。其實，這件事「只要起步就不會太遲」，因為無論在理論與實務方面，人力資源管理的學者與實務專家在多年努力之下，已經能提供許多豐富的論述與解決方法。

　　光就學理發展來看，人力資源管理理論經過三十餘年的創新發展，及時回應了各個時代的企業經營情勢。下表 1.1 顯示了各階段企業員工管理活動的發展軌跡。

表 1.1　企業員工管理活動之發展軌跡

起始時間	1970 年代初	1980 年代初	1980 年代末	1990 年代末
員工管理活動重心	人事管理	人力資源管理	人力資本管理	人才管理
組織中員工管理單位角色	行政管理	服務支援	諮詢輔導	策略夥伴
員工管理活動重點	●考勤管理 ●薪資行政	●員工任用 ●教育訓練 ●績效考核 ●薪資福利	●員工發展 ●績效回饋與改善 ●職涯管理 ●員工關係管理	●職能評鑑與發展 ●領導力發展 ●關鍵人員留才措施 ●接班人規劃

　　在以工業製造為主流的 1970 年代，企業員工多屬藍領階級，企業人員管理活動主要以「人事行政」（Personnel Management）為主，此時企業人事單位主要扮演著行政管理者之角色，員工管理活動以考勤管理、獎懲管理與薪資行政為核心。其功能主要根據企業主之要求，針對各種管理規章，執行例行性的管理活動，以確保員工的生產力。

　　八〇年代後對於企業員工管理觀念日趨成熟，同時學術與實務

界也發展許多企業員工管理的概念與技術。傳統以人事行政為主的員工管理，逐漸分化成各個自成一體的「人力資源管理」功能，包括員工的招募、甄選與雇用、教育訓練、績效考核、薪資福利等。此時產業發展已逐漸邁入後工業時期，員工的專業知識對於企業發展益形重要，企業開始將員工視為一項資源，運用成本控制的觀念，對於組織內所有員工一視同仁，施予有效管理以發揮效益。企業人事單位轉形成人力資源管理單位，扮演著服務支援者之角色，協助企業主進行各項例行性的人力資源管理活動。

1979 年獲得諾貝爾經濟學獎的學人舒爾茨（Theodore Schultz）的「人力資本理論」（Human Capital Theory）對於 1980 年代後期的企業管理有重大的影響，它啟動了企業人力資本管理的觀念。

「人力資本管理」（Human Capital Management）措施不是一個全新的系統，而是建立在人力資源管理的基礎之上，整合企業對於人的管理與經濟學的資本投資報酬效益兩個概念，將企業中的「人」作為資本來進行投資與管理。

至於本書要提倡與深究的「人才管理」（Talent Management）這個概念，主要出現於 1990 年代末期，許多學術研究與企業實務運作上發現：「一家公司百分之八十的績效，多取決於企業內最關鍵的百分之二十之菁英份子。」

於是，許多企業開始採用具策略性的招募、發展和留才手段來網羅及有效運用這些關鍵性的菁英人才，達到驅動及提升公司績效的最終目的。在這種轉變中，人力資源單位主要扮演企業主的策略夥伴，

奠基在組織中已有的人力資源管理活動上，再特別強調組織關鍵人才的管理，它要進行的重點活動可能包括了「職能評鑑與發展」、「組織各階主管領導力發展」、「對關鍵人才的留才措施」及「接班人計畫」等。

讓我們再進一步看看人才管理與與傳統的人力資源管理兩者概念上有些什麼基本差別：

（1）**人力資源比較強調公平**，對組織中每個人一視同仁，避免公司資源配置結果導致差別待遇。而人才管理強調的是**對於關鍵人才的重視**，組織應特別強調吸引、聘用、發展和保留關鍵人才。人才管理認為組織應區分「核心」和「非核心」員工，並重視其不同的需求。

（2）在許多企業組織中，人力資源管理的各項功能多強調制度與流程上的相互銜接；人才管理則更進一步主張**人力資源策略必須呼應組織策略**，並具體地透過職能模型，將人才之選、用、育、留各項功能間緊密配合，不再僅是制度與流程作業面的協調合作。

（3）人力資源管理較強調自「**雇主中心**」（Employer-focus）的角度，運用控制與管理的手段進行員工管理；而人才管理主要自「**雇員中心**」（Employee-focus）的角度，運用各種發展與激勵手段，激發員工潛能。人才管理的責任往往下放至各階主管，而人力資源部主要負責設計各種制度，並協助組織各階主管來實施推動。事實上，現今管理界多已有共識認為「人才培養的職責更多是落在各階主管身上」，而非由人力資源部門獨自擔負責任。

在經過近二十年企業人才管理實務不斷推陳出新與修正發展後，

幾個關鍵的管理人才活動的圖像也愈趨清晰，執行的架構與方法也趨
向一致。

　　我們將在後續章節依序地勾勒出這些關鍵的人才管理活動。

Chapter **2**

斯巴達人才供應鏈模式

老闆打天下，制度定江山。

——中國企管界著名顧問與培訓師 狄振鵬

　　這章我們馬上要開始討論重要的主題：「人才策略」。它是我們在本書主張的「系統化人才管理」的開始步驟，也是一家企業建立或更張人才管理方向的起點。

　　我們發現，如果把「人才策略」這個詞裡的「人才」換成「產品」、「經營」、「行銷」，甚至是「管理」策略，相信許多台灣公司中的經營與工作者都能說得出相關意涵，也能舉出實例說明。不過，「人才策略」這個概念，往往不會出現在一般的商業場合對話中。我們與其直接解釋「什麼是人才策略」，不如在此先以「一家公司為什麼需要人才策略」談起。

　　一個組織中的人才要怎麼管？應該從什麼地方開始？如果企業以往從未有人才管理的經驗，這個問題是可以預期的。也因為沒有經驗，這些問題似乎可以讓企業高階管理者隨興發揮，見仁見智地提出不同的解決方案。

　　許多企業在進行人才管理時，經常僅就「點」的方式來思考，直覺或隨機式地建立制度與作業流程，頭痛就醫頭，腳痛就醫腳。

　　譬如說，有的企業非常在意「選才」，他們花費許多功夫在外部與內部尋找組織要的人才，結果人才來了，但其工作表現卻不如預期地發揮應有效益，讓組織中的高階主管團隊大失所望。

　　有的企業投資在「主管領導力」的培養，特別著重人才發展，尤其是主管級職員工的領導力培養。但是這些受訓後的主管們卻發現自己個人未來升遷管道似乎很受阻，不是很順暢，徒有領導力的發展，卻苦無後續施展個人才華的機會。

還有的企業既重視選才，也重視「育才」，投入了許多資源來開發人才，可是所培養的人才卻另尋其他機會離開了，原因是組織沒有提供足夠的留才激勵措施與個人職涯發展的機會。

以上種種，可以看出人才管理方案可能無法僅就幾個「點」來思考，必須從「面」的角度，提出一個系統性的配套解決方案。而這個系統的起源，就是一家企業需要一套好的「人才策略」（Talent Strategy）。而且，這套策略要能承接企業整體的人力資源策略，主要用於指導組織人才管理活動的運作方向。

一套清晰的人才策略可以明確說明組織人才管理的方向，同時也可以反映組織高階主管對於人才管理的決心與承諾。我們認為，組織如果要擬定一套好的人才策略，其內涵必須能反映以下要敘述的幾項主題。

人才策略必須聯結組織策略

組織的人才策略必須能夠銜接組織策略，而與其他相關策略，如市場策略、產品策略、生產策略等相呼應，才能產生綜效。

舉例來說，一個採取「市場領先者策略」（Market Leader Strategy）的企業，它的關鍵人才也必須具備創新的特質，才能適合企業的體質；一個追求高效率的企業，其關鍵人才就必需具備效率意識，才能達成企業的策略；如果企業採取「追隨者」（Follower Strategy）的策略，那麼這家企業所欲培養的人才，就必須具備能夠觀察市場變化，彈性調適及變通的特質。

美國奇異（GE）公司就是個很典型的例子。該公司揭櫫「領導力」就是組織的品牌及發展的策略。所以，奇異的人才發展及留才措施，就聚焦於「關鍵人才領導力」的發展，並且希望組織各階主管具備一定程度的領導才能。

至於Google則是家講求創新的公司，它以「技術」及「研發創新」為公司發展的主要策略，該公司在人才招募與甄選的過程中，特別重視應徵人員是否具備創新的特質。同時，Google工作環境的設計與員工關係的管理也特別培養員工自主的意識。

再看看台灣本土的標竿餐飲企業王品集團，它特別強調具有活力與客戶服務的文化。所以，為了讓企業避免一直守成不變，並維持一個具有持續創新服務的組織文化，該公司的主管職務晉升人選，會維持一部分來自公司內部人才，另一部分則來自於其他外部企業，好讓王品能夠常保多元新鮮觀點，展現更具活力的企業文化。

人才策略應有清晰明確的執行模式

如同一家企業的發展必須發展一套獨特的「商業模式」（Business Model），企業的人才策略也必須有一套明確的管理模式。

商業模式是一個包含了一系列要素及其關係的概念性工具，能用以闡明某個特定實體的商業邏輯，它會描述一家公司能為客戶提供什麼價值，以及公司的內部結構與外部合作夥伴網路等，藉以實現這個價值下可持續獲利的架構。

同樣的，人才策略也須透過一套管理模式來運作，這個管理模式

同樣會是一個包含了一系列要素及其關係間的概念性工具，用以描述組織人才管理的運作邏輯；它能說明為何透過這個運作邏輯，企業人才得以能滋育培養及有效運用，充分發揮其效能，並展現其價值，達到組織管理人才的目的。更進一步地說，一套組織人才的管理模式，就必須包括以下幾個特質：

（1）這個模式必須呈現一套系統性的管理概念。

人才管理不能僅由單一的管理活動來達成。如同本章開頭所敘述的，每一家公司對於人才管理的切入點不同，如果僅單就一個點來處理及解決組織人才管理的問題，最終是無法完整解決，達到人才管理的目的。就如同企業僅握有關鍵性技術，但是無其他相關配套的管理機制，是難以在市場上提供相關產品與服務，達到組織獲利的目的。人才管理必須是一個系統性的管理活動，要透過相關的配套措施在人才的規劃、選取、培養與運用上同步運作，才能發揮組織人才的最終效益。

（2）這個模式能處理各個要素間的聯結關係。

人才既然需要一個系統化的流程來管理，哪麼系統中的各項要素就必須要有一定的邏輯關係。反過來說，我們也可以從這些要素間的邏輯關係來檢視模式的合理性。如果這個模式中的各項要素不能夠明確的釐清相互間的因果關係，就表示整個模式在實際運作上可能會發生問題，無法達成組織人才管理的目的。透過各項要素間的邏輯關係，

才能完整掌握組織各項人才管理活動間的運作機制，是如何的相互影響與牽制。

（３）這個模式必須說明最後的具體產出。

模式必須說明人才管理的「產出成效」（Results）。如同一套商業模式最後的目的是要讓企業能夠獲利，它對財務性績效的描述就是必須的。人才管理架構最終必須要有產出，才有意義。同時，對產出的描述可以作為整體人才管理機制的具體衡量的基礎。如果組織人才管理最後無法達到模式中所描述的產出結果，表示整個人才管理活動是無效或效益不彰的。

斯巴達人才供應鏈模式

根據上述人才管理模式所必須呈現的特質，本書要提出一套整合式的「**斯巴達人才供應鏈模式**」（SPADARR Talent Supply Chain Model）。此模型之所以採用供應鏈的概念，主要是主張企業人才開發的流程如同產品生產與流通的過程，從物料獲取、物料加工、並將成品送到用戶手中，皆涉及一個企業各部門合作協力組織成的商業活動。

企業人才開發從人才策略（Talent Strategy）的啟動開始，整個活動以人才規格為中心，期間經過人才規劃（Talent Planning）、人才獲取（Talent Acquisition）、人才發展（Talent Development）、人才評鑑（Talent Assessment）一系列相互連結的管理活動，最終止於人才盤點（Talent Review）與人才留任（Talent Retention）。斯巴

達（SPADARR）即是以上七項行動的英文單字首字母組成的簡寫（其中盤點與留任的英文字首是同一英文單字）。這個人才供應鏈模式也顯示人才管理是一個持續不斷且周而復始的系統性管理活動。我們利用圖 2.1 來展示這個模式的整體概念。

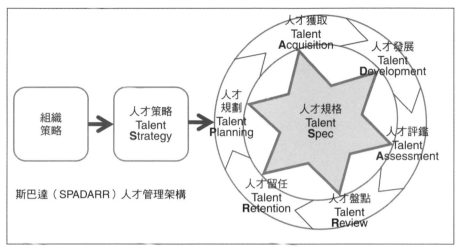

圖 2.1　斯巴達（SPADARR）人才供應鏈模式

　　首先，組織的人才管理流程要由「人才策略」所主導。人才策略承接著組織經營策略，並與企業的生產、行銷、財務、研發等功能面的發展策略相互配合。這個策略也將決定人才管理運作模式及組織人才發展的方向，其內涵反映在「人才規格」之中。

　　企業年度的人才管理活動則起始於年度組織「人才規劃」。人才規劃認主要是根據當前企業發展策略及前一個階段人才盤點的結果，訂定出目前組織各項關鍵職務，是否已配置了適當的人員；同時檢視位居這些關鍵職務的人員，是否皆有適當的接班人選，能夠在短時間

內順利地承接其職務，並適時發揮應有功能。接著再根據檢視的結果，組織據以規劃出合適的人才配置方案及確認出組織的人才需求。

接下來，以上根據人才規劃及盤點後需求確認的結果，組織會開始啟動「延攬人才、人才獲取」等行動。企業會運用各種不同手段及管道來吸引與獲取組織所需要的人才。有別於一般性的企業員工招聘，有些外部菁英人才的吸引與獲取便需要運用一些策略或特殊的管道與選才方法，才能有效率地找到組織所要的這類人才。當然，也不是所有的人才皆由企業外部取得，內部人才是企業組織獲取人才最主要的來源，企業人才管理應確保內部人才的提供能夠源源不絕。

所以，「人才發展」是需要企業投入大量資源支持的活動。以往，企業進行教育訓練活動，多著重員工知識技能的培養，冀望透過教育訓練來強化或改善員工的工作能力，以充分展現工作績效。

我們在本書探討的「組織人才管理活動」則特別強調「個別員工潛力」的發展需求，它通常是透過「人才評鑑」來斷定個別人才「目前的能力」層次與「理想的能力」層次間的差距，以決定個人化的發展活動；尤其，這是為了未來而做準備，以協助員工的潛能因此而得以釋放發揮，職涯能夠持續發展。

換言之，**真正的人才發展主要企圖是想開發員工的潛質，讓員工能夠逐漸具備勝任未來組織中關鍵職務的能力**。所以人才發展的內容就會特別強調個人領導力、持續學習與挫折復原力的提升。因此，人才發展不會僅限於知識技能的訓練，更重視運用一些多元的方法，運用工作經驗，來開發員工的潛質及提升個人心智的強度。

　　斯巴達模式的最後兩個活動環節則會進行「人才盤點」與「人才留任」。組織會根據一些具體的資料及事證，來瞭解目前位居關鍵職務的員工是否有能力勝任，或者有離職的風險。這些資料與事證包括年度組織或部門策略、員工個人領導力評鑑的結果、工作績效表現、員工個人職涯規劃意向等因素，來考量目前擔任這些關鍵職務的員工是否需要更替，進行關鍵職務之接班規劃；或是運用一些激勵措施來強化留任意願，使其繼續保持高度的工作績效。

　　至於那些關鍵職務可能的接替人選，是否需要進一步進行個人發展計畫，也需要在此階段規劃進行檢視。在一些規模較大的企業組織，都會成立類似「人評會」或「人發會」的組織來進行人才盤點，建立人才庫（Talent Pool），有系統地針對組織內的關鍵職務及關鍵人才進行規劃管理。

　　一旦人才盤點完後，組織中的部分關鍵職務若有可能發生職缺的風險，或者產生板凳人才不足的現象，組織就會開啟下一階段人才規劃與需求確認的活動，周而復始地展開另一波的人才管理與發展活動。

　　傳統企業組織員工的「選、用、育、留」的活動，是透過制度與流程來貫穿聯結。然而，組織中的人才管理，則不僅需要透過制度與流程來配合，更必須運用一套策略性管理工具來聚焦及貫穿協調上述六個環節——人才規劃、人才獲取、人才開發、人才評鑑、人才盤點與人才留任的運作，讓這六個環節的活動能夠形成一套相互協作的系統，發揮策略性人力資源管理的作用，促使組織能夠不斷地累積人才

資本的厚度，實質展現企業經營績效。

人才管理活動是一個持續、系統性的循環過程

從圖 2.1 我們也可看出：促成上述六個環節活動協同運作的策略性人才管理工具就是人才規格。

人才規格主要根據組織文化、核心價值及企業發展策略，擘劃出一套讓組織能夠確實掌握關鍵職務所需的人才樣式，進而將之運用於各階段人才管理措施上，包括人才的晉用、人才的發展、人才的評鑑與留才的標準，讓人才管理活動能夠具體地與組織策略銜接，達到組織發展的目的。

另外，整個人才管理活動的效益可以透過「形成性評估」（Formative Evaluation），或者是「總結性評估」（Summative Evaluation）來檢視。

所謂形成性評估，意指在各個階段組織人才管理的過程中，透過一些關鍵績效指標（KPI），經由「標竿比對」（Benchmarking）以顯示其管理效益。

舉例來說，「關鍵人才留任率」就可能是一個關鍵績效指標，它是指組織內留住人才的效率；「新進關鍵人才兩年內離職率」則可能顯示組織招募延攬人才的效率。

至於總結性評估，則是指最終組織人才管理的成敗，可以透過一個期間組織經營的成果來衡量其成效。它實質的產出，應是個別員工具體的工作表現，間接反應出部門與整體組織的績效如何。

　　「斯巴達人才供應鏈模式」清晰地揭示了企業整個人才管理活動是一個系統性的管理過程，也可以透過產出的成效回饋資訊來檢視各個環節活動中是否有調整改善的必要。

　　假如我們發現公司員工績效不彰的原因是來自於他們知識經驗的不足，那就必須強化員工訓練與發展的活動。如果績效不彰的原因是來自於個人投入感不足及工作士氣不佳，則有必要針對性的關注員工留任與激勵措施。

　　我們會在本書的後續章節進一步闡述人才管理各個環節活動的內容，首先就人才規格的建置深入探究，讓讀者瞭解如何透過人才規格來架構聯繫後續六個環節的人才管理活動，再依先後順序深入闡明人才規劃、人才獲取、人才開發、人才評鑑、人才盤點與人才留任中的管理實務。同時，我們也會提出一些落實人才管理活動的成效評鑑與相關資訊工具分析使用的具體做法供讀者參考。

「找對的人」：IBM 的人才策略

　　在很多企業或機構中，往往會把從事某專業（譬如業務、財務、行銷或研發等）中最出色的專業工作者提拔成經理，它們往往以為一位員工在專業上表現出色，未來一定會成為一位好主管；但他們卻沒有深思：優秀的專業人員可能不是個好主管的料。我們觀察一些職業團隊運動（如籃球或棒球）的例子也能知道，出色的球員「有機會」也成為傑出的教練，但往往更多的傑出教練來自於以往在場上只是表現水準平平的球員，甚至是不曾當過球員的人。

不過，既然認知到「績效傑出員工未必能成為關鍵主管」，那又該如何鑑別與培育組織內的主管人才呢？在本章最後，就讓我們看看IBM這家公司怎麼處理這項人才議題。

IBM有個最鮮明的人才策略主張——「找對的人」，它強勢且明確地主導了該公司整個人才管理流程。

IBM公司的人才管理是根據企業全球化的經營發展策略，擘劃出獨特的全球化整合式人才管理模式，內容如圖2.2所示。

它透過五個功能性質迥異的人力資源團隊（HR員工服務中心、區域性HR夥伴團隊、HR功能性服務團隊、業務單位的HR團隊及整合性HR服務團隊）的協力合作，來滿足公司對於組織內部不同類別人才的管理。

在這個模型中，HR專業領導主要是確立企業HR單位是組織人才管理的核心組織，在公司內擁有最終人才管理的主導權。預測人才需求與策略性人才配置屬於人才規劃活動，而人才識別與公司品牌兩項與企業攬才息息相關。另外四項活動：績效／能力管理、專業能力培養、發現未來領導者與領導力發展，可隸屬於人才開發面向的活動。最後，員工投入／留任與人才識別兩項，則類似於組織留才活動。我們也可以發現，IBM全球化整合式人才管理模式與本書前面提出的「斯巴達人才供應鏈模式」在系統性人才管理活動的概念上，有許多雷同之處。

以該公司對內部專業經理人的分類與選取為例，IBM非常清楚「出色的業務人員不見得必然成為未來公司的專業經理人」這個道理。

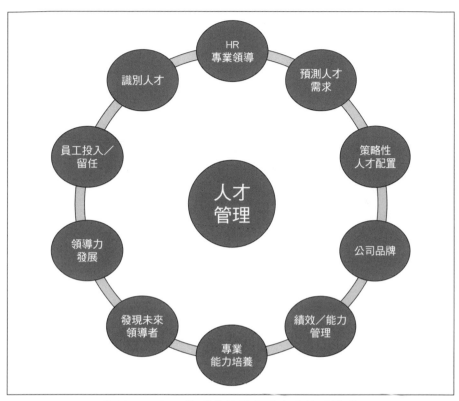

圖 2.2　IBM 全球化的整合式人才管理模式

所以該公司在選擇專業經理人時必須考量很多的個人因素，如價值觀，溝通能力、性格和行為特質等。因為如果選擇錯誤，不僅是傷害了當事人的工作表現，而且還可能影響其帶領的團隊，同時也可能影響到當事人的職涯發展。

在 IBM 眼裡，一位專業經理人固然要對其所掌理業務要充分的瞭解；但要成為一個好的 IBM 專業經理人，除了對所負責的業務熟悉以外，同樣重要的是他對團隊成員是否瞭解、是否有能力溝通和協

調，以及他對公司策略和價值觀是否認同，而且具備貫徹執行公司政策的決心。畢竟，專業經理人在許多時候，是要透過協助、激勵員工來完成任務，而不是靠個人衝鋒陷陣的能力。

自古有言，「千里馬需要有伯樂做為知音」，對 IBM 公司內部的人才來說也一樣。只是 IBM 除了由公司本身扮演伯樂以外，仍得藉助一套系統性的方法協助篩選專業經理人。我們在前面已提過，專業經理人的其中一項工作，就是要能夠辨識與作育人才，他能對下屬員工的潛能不斷進行評估，並協助他們發揮自己的潛能，在公司內能夠持續展現績效。

有些好的人才適合走專家路線，有些則適合成為專業經理人。IBM 各階主管會透過對員工的表現、性格和行為等的觀察，從中物色**「高潛力專業型」**人才（High Professional Potential – HPP）和**「高潛力經理人」**人才（High Management Potential – HMP）。

同時，這些人才固然需要在他們本身的工作上表現出色，同時也必須在個人誠信和價值觀上和 IBM 公司的核心價值一致。

打造「四處有伯樂」的識才環境

每一年，IBM 的人資單位都有一個人才拔擢的管理流程，讓各部門的主管把他們心目中的「高潛力經理人」（HMP）提選出來。當然，這些人不一定是馬上準備就緒成為經理人，可能是一年或兩年後，甚至更長。這些名單會經過各功能部門高階主管審閱，並與薦舉他們的主管一起討論，進一步瞭解這些「高潛力經理人」人選的特點。如果

得到各功能部門高階主管的同意，這些「高潛力經理人」後選人就會被人資單位登記下來放到「人才庫」中。當所有部門的「高潛力經理人」候選人經過匯總後，IBM 會進行兩項工作：

（1）各部門的主管間會進行討論，讓這些主管對其他部門的「高潛力經理人」人選有所認識，方便將來跨部門的晉升和任用；

（2）公司會提供這群「高潛力經理人」一些「高效領導人」（High Performance Leader, HPL）的訓練活動，讓他們及早接觸並瞭解專業經理人的角色和領導的意義，幫助他們進一步提升能力和認識 IBM。

在這些訓練活動中，會有資深的主管參加課程，並觀察這些員工表現出來的素質是否符合 IBM 的領導力、價值觀和行為準則等要求，以及是否具備 IBM 專業經理人的特點，而不光是去看他們的業務能力。參與這些訓練活動的「高潛力經理人」表現會被記錄到人才檔案中，以為後續參考。這些「高效領導人」的培訓，其實也會用於「高潛力專家」型人才的身上。

此外，除了初次提名的專業經理候選人外，IBM 也對成熟的經理人（Experienced Manager）加以觀察和薦舉。如同「高潛力經理人」的做法，IBM 每年會由二線以上主管薦舉一線以上的主管，作為下一線主管的儲備。傑出者還可能會被薦舉進入「高階經理資源」（Executive Resources，ER）名單中，也就是成為各專業領域「高階經理」人（Banded Executives）的接班儲備人選。

在 IBM 全球 30 多萬名員工中，高階經理人的總數僅有數千人，

約占 1%。這些人承擔一定規模的 IBM 整體組織或部門的領導工作，通常以業務大小、利潤中心責任和業務複雜程度劃分，但也可能包括部分專家級的專業人才。所有高階經理人的任命都需要得到企業總部批准，而企業總部會自公司全球化管理的角度，控制每一級別「高階管理人」的人數，每一個人都是經過多方審查方能決定。而在多元的審查標準上，愈是高級，更加看重人員的誠信、價值觀和領導力，而不是只看中當事人處理業務的專業能力。（在該公司歷史中，遇到誠信有關的問題而中途撤掉「高階經理人」頭銜者發生不多，但一旦發生，IBM 的態度絕對是「零容忍」。）

那些被薦舉進入「高階經理資源」名單的人選，由人資單位匯總後，分別由當事人所屬部門的全球負責人與所有地區的同部門薦舉出的人員做全球性的評比，同時也會由區域總裁做各地區跨部門的評比。他們在這兩方面都會對每一個進入「高階經理資源」名單的人選進行討論，將其個人特質、優點、缺點和需要鍛練的地方都加以討論，並記錄到全球統一格式的檔案系統中。而全球業務負責人會和各地區總裁針對某一個「高階經理資源」名單中的人選達成共識，制定後續發展。

在這過程中，被薦舉進入「高階經理資源」名單人員的直屬經理人也會受邀參加討論，以確保評估的準確性。通常級別愈小的經理人，他們對 IBM 的重要性則是愈高。他們的一舉一動和表現，會經常受到評估和追蹤。

最後，還有一點值得分享：在 IBM 專業經理人間有一項很重要

的任務，就是「**要為自己物色能夠替代自己的人才，以便自己升遷時可以取代自己。**」因此，只要員工本身具備相同的價值觀、專業經理人的特質、足夠的業務能力以及組織之人事經驗等，任何一位新任經理人、成熟經理人，或是某一等級之高階經理人等，皆有被伯樂不斷發現的機會。

這個概念鼓勵了 IBM 內各級專業經理人去物色人才，也保證了其管理業務的執行，不會因為經理人一時出缺而出現空檔。這種做法在其他企業中也並不多見，但幕後的概念確實值得許多企業人才管理的決策者師法。

Chapter **3**

貴公司寫得出年度的 「人才規格說明書」嗎？

一個人的成功，85％歸因於性格，
15％歸因於知識。

——人際關係與成功學大師戴爾・卡內基

　　一家公司到底需要什麼樣的人才？哪些人才可以使公司前進，哪些人才又將決定公司「明日的成敗」？像這類對企業管理者一時曖昧難明，卻又明顯是「若無遠慮、必有近憂」的人才問題，必然需要一套更系統與常態的人才規格思考過程，以對應這種不易快速解答的困境。

　　在上一章我們已提出了由人才規格啟動的「斯巴達人才供應鏈」管理模式，但究竟人才規格該如何發展與形成，且讓我們由一個半虛構的台灣公司案例開始本章的討論。

為什麼我們的人才失去動力了？

　　「無名科技」是國內一家公開上市的軟體科技公司，公司主要的產品為多媒體數位內容編輯系統。該公司的產品——「QuickEdit 數位內容編輯軟體」在 2000 年問世時，廣受市場使用者的愛戴，這項成就的確讓許多國內資訊業者刮目相看，也曾使得該公司的股價頓時衝到最高峰。

　　同時，該公司積極地進行國際化布局，與索尼、東芝、戴爾及聯想電腦等國際資訊硬體大廠合作，公司營業額也節節攀升。

　　這家公司的總經理兼技術長出身於國內首屈一指的高等學府——台大資工系。他進入這家公司任職後，對於人才晉用是非常吹毛求疵的，非「台、清、交」三家大學資訊科技專業背景的畢業生不用，而且應徵者的在學成績也列入人才遴選的主要憑藉。他的用人邏輯是——透過大學入學考試的篩選機制及在學努力學習的成果表現，足以

證明當事人是一個夠水準、具有發展潛力的技術人才。

　　這樣的取才架構的確為該公司產品設計及開發奠定了競爭利基，公司在產品開發上的確在產業界取得競爭優勢，產品開發的品質也取得上游合作客戶的信賴，因此訂單源源不絕。公司也以與這些大廠合作愉快而感到自豪，發展前景的確可期。

　　可奇怪的是，該公司開拓美國市場的行動始終不順利。公司先前也曾按照總經理的想法，找到一位「行銷副總」，他非常符合公司開出的條件──美國名校畢業、品學兼優，具有多年軟體服務的業務經驗。但是這位行銷副總一直無法融入公司文化，與其他管理團隊成員也一直無法有效溝通，雖然他負責的業績可以達到公司基本要求，但是整個他指揮的業務團隊士氣並不高昂。

　　尤其，這位行銷副總在進行年度策略規劃時，每每不先與北美區的總經理會商，直接越級向台北總公司口頭呈報，讓北美區的總經理每次在公司總部進行全球業務會報的時候，無法有效掌握資訊與狀況，需要間接地要求其下屬從行銷單位獲取資訊，造成其領導上很大的困擾。

　　尤有甚者，公司在北美區一次「年度產品發表會」上，這位行銷副總在沒有知會北美區總經理與技術服務部協理的情況下，逕自公開向媒體透露了公司幾個重量級產品開發的時間表，這個舉動讓北美區的總經理大為光火，認為他可能洩漏的公司的營業機密，同時也讓競爭對手能夠有效掌握公司的策略。

　　2012 年起，無名科技的產品策略又做了一些調整。由於網際網

路科技與行動運算技術的崛起，使得公司原先在「視窗」（Windows）作業系統平台上的影音編輯軟體產品銷售開始下滑，而更多個人電腦（PC）使用者已轉向使用平板電腦，於是公司決定朝向開發行動裝置作業平台上的多媒體數位內容編輯系統。

在這個時刻，無名的總經理希望公司經營方式有個突破：從過去專注「科技產品開發商」的角色，轉而進入文創或電子商務產業，轉型成為一個多媒體數位內容的提供者。這樣的考量是因為多媒體科技產品的獲利狀況一直下降，公司必須重新思考布局，從以往所奠定的基礎中，開創另一個可以讓公司持續獲利的契機。

總經理的新思維也獲得了董事會的支持。但，真正困擾的他的是，究竟公司中有哪些人可以組成一個「內部興業團隊」（Internal Venture Team），利用公司在資本市場上所取得的資金，得以嘗試運作及實現他的新想法？

常見的組織選才迷思

在上述案例中，或許我們可以進一步地說，無名科技總經理面臨的問題其實並不在他「無優秀人才可用」，而是該公司多年來在他主導下的「人才規格」使得內部員工有同質性過高的傾向，一旦企業的經營需要大幅變革或更張時，他一時難以抉擇出適任創新與冒險的人選。

許多企業在找尋外部人才時，人力資源與用人單位皆會做適當分工。人資單位通常負責運用不同的管道，募集應徵者。在這同時，也蒐集應徵者的個人履歷資料，做第一關的篩選，把不適合應徵條件

的人先從名單中剔除。接下來，公司會有一些筆試或測驗的項目，要求通過履歷篩選的應徵者參與。透過這些筆試及測驗，又有一些不適合的應徵者再度被剔除在名單之外。再過來的一關是「徵信查核」（Reference Check），透過第三者的說明，進一步了解應徵者個人過去的一些表現與評價。最後一關則是面試。

　　通常人資及用人單位是在面試時才會直接接觸到應徵者。人資單位主要是辨識應徵者是否具備良好的特質、品德與態度，而用人單位主要的工作是辨識應徵者在專業上是否能夠勝任。這樣的甄選流程看似非常嚴謹，但是實務上可能仍會發生「用人單位最後找到的人不是很理想，或是經過了一段時間才發現根本就是找到不對的人」。究其原因，有許多是招募主試者種種個人心理上的偏誤所導致的！

似我心理的作祟

　　在甄選過程中最常發生的迷思，就是主試者個人「似我」（Similar to Me）心理的作祟。

　　在面談的過程中，有些面試者會有意無意的將應徵者個人特質與過去的履歷或表現與自己相比，用以裁判應徵者的條件是否符合公司的期待。舉個例子來說，有許多公司在甄選新人時，就常發生「**校友效應**」——因為甄選的主管是某學校畢業的，如果甄選過程中他發現某位應聘者也是同校畢業的校友，就會產生情有獨鍾的現象。更有趣的是，應聘者若也是受業於某位自己心儀的老師，這時候對這位應徵者的觀感有可能產生更正面的效果，並給予這位應聘者很好的成績。

「似我現象」不僅發生在「校友效應」，也有可能產生「同鄉效應」，也就是說負責面試的主管發現某個應徵者來自於個人出生的故鄉，面試主管就會產生「他鄉遇故知」的感覺，開始產生了親切感，而可能提高了應聘者的受試成績。

第一印象的干擾

個人出眾的外表、聲音及穿著，的確會給人強烈的印象。有些職務在工作上能夠展現績效，的確是與他人接觸所產生的好印象有關係，尤其是經常需要人際接觸的工作，例如業務代表及公關人員。

許多教科書也教授面試者，在面試前一定要強調個人的儀表與談吐上的包裝，以獲取面試者的青睞。但是，個人的工作表現，不能僅憑出色的外在條件，仍須依賴個人真實的工作能力。然而，「過度依賴第一印象」的確是面試者在作甄選決策時的一個干擾因素。

強調學歷與知識

任何工作都需要一定程度的專業與技術。許多企業在選才時也特別強調應聘者已具備的知識與技能。本章開始的故事就是一個很實際的例子，該位總經理特別偏好學歷好、有專業本領的人才。但專業知識是員工展現工作績效表現唯一的關鍵因子嗎？許多研究結果與實務上的現狀就並非完全支持這個觀點。

許多研究已證實，個人在校成績與其未來在職場上的表現並沒有太大的正向關係。換句話說，僅用學歷或知識做員工未來優秀表現的

依據，似乎太一廂情願。知名的美國哈佛大學心理學教授大衛‧麥克利蘭（David McClelland）在一九七〇年代就曾自龐大的資料庫中進行分析，結果發現除了知識技能以外，一個人職場工作的表現還必須依賴個人的特質、信念及態度，而且後者對工作績效卓越表現的貢獻比例可能還更高。

就以個人經驗為例，我有許多在外商任職高階主管的朋友，在談到人才招聘時，他們皆異口同聲秉持同樣的論點──光看一個人的學歷與專業知識的程度是不夠的。他們更在乎的是：應徵者是否具備持續學習的動力與能力？因為現今的職場中，「學校學的」知識技能已不夠用，知識技能演變的速度非常快，也經常汰舊換新。如果沒有抱持持續學習的態度，很容易趕不上時代的腳步。這些高階主管也特別重視應徵者個人與他人共事的能力，包括是否善於與人溝通協調、是否願意妥協，不堅持個人的立場，成就團體的利益。

國內企業之所以特別強調知識與學歷，另一個原因是**企業不願意花費更多的錢來培養人才。最好是找到現成的人才，馬上就可以上線利用，可以為企業節省許多用人成本。這種短線操作的邏輯思維就直接反映在企業甄選的活動上。**至於個人潛力的部分，包括態度、價值觀及特質，則可以視而不見。為了防止過度強調專業知識與技能，我建議企業面試者不妨反思下面幾個問題：

- 你過去就學時期的同學或學長當中，在班上成績是頂尖的，其後在職場上的表現是否也如預期地一樣的卓越，或僅是平庸而已？
- 身為主管的你，實際在職場上運用到學校裡所學的知識到底有

多少？比例真的是很高嗎？

● 就你個人來說，目前所具備的職場知識與經驗是後來經過不斷的努力才獲取的？還是學校畢業就已經準備的差不多了？

如果你對於上述問題的答案，不能很肯定的說明學歷與學校裡所學的專業知識在職場表現上有足夠的支配強度，那麼真心建議你可能要調整一下你的選才策略。

喜歡找聽話的人

喜歡找聽話及容易受控制的人也是許多企業主管選才的另一種迷思。

多數用人單位主管希望能夠找到人才可以順利地貫徹個人的領導意志。但是這些「唯命是從」的員工，在公司需要變革與創新時，就可能無法在公司內部產生足夠的動力。公司內部需要保有不同的聲音與異見，組織決策高層才能產生警惕與自覺，同時也能確保組織能夠對外在不斷變化的環境有所警覺，積極地尋求企業求生發展的契機。

組織應該建立一套人才規格

除了上述選才過程的偏差，企業在「舉才」的時候，往往也缺乏一個清晰的框架。什麼樣的人具有足夠的資格與條件擔任基層主管，什麼樣的人可以升任至中階主管，而高階主管的人才條件在哪裡，公司內皆沒有一個共識。

　　這樣的組織管理模式，對於一個有企圖心的員工來說，其個人職涯發展也會充滿不確定性，因為他不知道個人的條件究竟是否符合公司的期望，個人能力應聚焦在哪些領域上發展，才有更多表現的機會。久而久之，無所適從的結果，對於個人職涯的發展就會感到絕望，喪失了個人工作上的衝勁，不再想要在組織裡有一番作為。如果組織中大多數的員工皆抱持這樣的心態，這樣的企業難以長期地保有競爭優勢。

　　根據個人多年實務上的觀察及相關研究文獻資料的蒐集，我要在此提出一個「既聚焦且多元」的人才規格。如圖 3.1 所示，這個規格是由「職能」（Competence）與「多元化」（Diversity）兩個概念組合而成。

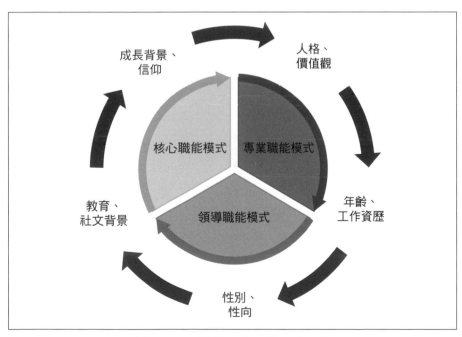

圖 3.1　既聚焦且多元的人才規格

所謂「規格」，就是樣式或框架。這如同一個人穿戴的服飾，皆有其規格。以男士為例，如果到西服店買襯衫，心中一定先盤算你要買的樣式，這些包括：

- 襯衫是長袖，還是短袖？
- 衣服的顏色為何？
- 袖口的設計：是鈕扣袖口，還是法式翻袖？
- 領口的樣式——是標準領、釘扣領、溫莎頓領，還是立領？
- 門襟的規格是要法式門襟？還是傳統門襟？
- 襯衫是否要有口袋？如果要有口袋，是圓角口袋？還是五角口袋？
- 襯衫的背面是否有打摺？如果要打摺，究竟是後中打摺或是後旁打摺比較好？

總之，個人的服裝規格必須與個人體型及喜好配合，才會穿得體面，又有看頭，留給他人較好的印象。同樣的，一家企業的員工也需具備一定的能力規格，才能配合企業策略的執行，協助企業創造獲利機會。**人才規格是企業人才管理的第一步，當企業對於人才有了清楚的規格樣式，在選才、用才、育才及留才的時候，才會有共識。**

當企業明定其人才規格，也減輕了主管間個人意見上的差異，更不會在選才與舉才的時候，被一些態度強勢或是作風強悍的主管所左右，過度運用權勢強制他人接收個人的主張，傷害了組織內部的和諧與發展。以下讓我們再接著說明這個「既聚焦且多元」的人才規格中，

所考量的兩個面向人才條件。

人才規格面向一：職能導向的人才條件

人才規格的建立是組織人才管理的基礎工作，目前國內外企業流行運用「職能模式」（Competence Model）來構建組織的人才規格，這是一種比較聚焦式的做法。它讓所有的、或是組織內某主管層級或某功能別的員工，皆要共同具備一定的職能水準。

「職能」的概念首先由美國哈佛大學麥克利蘭教授在 1973 年提出，主要針對美國大學當時普遍採用智力測驗及能力傾向測驗作為入學標準提出質疑；他認為智力測驗或能力傾向測驗成績或許是未來在校成績的預估指標，但卻無法預估個人未來在職涯發展上能否成功。麥克利蘭教授後來與研究夥伴大衛‧柏魯（David Berlew）於美國波士頓創立了「McBer 顧問公司」，致力於推動職能的觀念與相關測驗，職能的發展與應用開始日漸普遍。

1993 年，McBer 顧問公司總裁萊爾‧史班瑟博士夫婦（Lyle Spencer & Signe Spencer）兩人共同著作了《才能評鑑法》（Competence at Work）一書，並在書中提出了職能的冰山模型的概念（參見圖 3.2），認為職能可區分為五大類：「知識」、「技能」、「自我概念」（Self-Concept）、「特質」（Traits）與「動機」（Motives），並認為知識與技能位於海平面以上，是觀察得到且容易透過教育訓練培養的；其餘三項位於海平面以下，不易觀察到也不易透過教育訓練培養，其中的特質及動機最好是在招募時運用方法選出適合的人，而自我概

念需要透過較深層的介入才可能逐步培養。

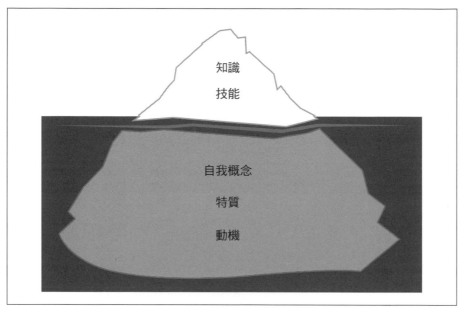

圖 3.2　職能的冰山模式

在工作環境中，職能的展現可以透過外顯具體行為的觀察，而探知個人所具備的職能水準。讓我們再針對這五大類職能說明一下：

（1）**知識**：指一個人在特定領域中所擁有的專業知識。

（2）**技能**：執行有形或無形任務的能力，是心理或認知技巧的才能。

（3）**自我概念**：指一個人的態度、價值觀及對自我的認知。

（4）**特質**：指身體的特性及對情境或訊息所產生的持續反應。

（5）**動機**：指一個人對某種事物的持續渴望，並希望將其付諸

行動的念頭。

職能模式是由一群職能項目所組成。而每一個職能項目主要由三個內容所組成：「**職能名稱**」（Title）、「**定義**」（Definition），以及工作上必須要充分展現的「**關鍵行為指標**」（Critical Behavior Indicators），條列式的設計方式如表 3.1。

表 3.1　職能項目：誠信正直（Integrity）

職能名稱	誠信正直
職能定義	面對內外部顧客皆具備誠實可靠的工作態度，建立以互信與雙贏為基礎的工作關係，言行一致、信守承諾、以身作則，堅持一貫的品德操守及做事原則。
關鍵行為指標	●對於客戶與同仁建立誠實、互信與互重的夥伴關係。 ●就事論事，勇敢面對事實，不推卸責任。 ●能誠實的處理所有工作業務，不隱瞞亦不扭曲實情。 ●不會為了個人利益（例如：假公濟私、形成小團體等）而運用或操弄不正當的手段。 ●對於公司內部機密訊息，若無取得主管同意，絕不會與非相關人員進行討論。 ●能依循公司規章與政府法規之相關規定處理事情，以避免違法犯紀造成公司困擾。

比如，表 3.1 所舉的「誠信正直」這個職能項目，僅有一個明確的定義，其關鍵行為指標所描述的具體行為是條列式的，計有六個關鍵行為指標，各個行為出現的頻率愈多，表示其具備正直誠信的職能愈高。另一種階層式定義的設計方式如表 3.2。

表 3.2　職能項目：持續貢獻（Sustainable Contribution）

職能名稱	持續貢獻
定義及關鍵行為指標	○第一階定義：能夠透過他人的協助，在個人工作績效表現上，對所處的團隊或組織持續做出貢獻。 　●〈關鍵行為指標 1…〉 　●〈關鍵行為指標 2…〉 　●〈關鍵行為指標 3…〉 ○第二階定義：能夠透過個人的專業能力，獨立地在工作上展現績效，對所處的團隊或組織持續做出貢獻。 　●〈關鍵行為指標 1…〉 　●〈關鍵行為指標 2…〉 　●〈關鍵行為指標 3…〉 ○第三階定義：能夠引領他人或團隊展現工作績效，對所處的團隊或組織持續做出貢獻。 　●〈關鍵行為指標 1…〉 　●〈關鍵行為指標 2…〉 　●〈關鍵行為指標 3…〉 ○第四階定義：能夠透過願景，激勵及動員他人或團隊，展現工作上的績效，對所處的團隊或組織持續做出貢獻。 　●〈關鍵行為指標 1…〉 　●〈關鍵行為指標 2…〉 　●〈關鍵行為指標 3…〉

　　上面所舉的「持續貢獻」這個職能項目之關鍵行為指標所描述的具體行為是具層次性的，總共有四階定義，愈高階的定義表示其關鍵行為表現對團隊及組織的正向衝擊愈大。

　　在實務上，企業人才職能模式的設計可以自不同角度出發，有些企業專注於建立企業共同的核心職能模式，以反映企業的核心價值觀、經營策略與願景，其內容主要是建構企業所有員工必須具備共同的基本人才條件。有的企業也是經由組織發展策略之分析，而專注於領導（管理）職能模式的建構以規範企業各階層主管的基本人才條件。也有的企業專注於特定功能部門的專業職能模式，以說明企業某項功

能別的基本人才條件。

舉個例子來說，3M 公司就曾經將企業中的各級主管所需具備的領導職能設計成三個層次。如表 3.3 所示，每一個管理與領導階段皆有其職能模式。

3M 的基層管理者必須要展現基本層次的領導職能模式中所描述的各項職能及其關鍵行為。中階及資深中階主管則須達到必要層次的領導職能模型中所描述的各項職能及其關鍵行為。最後，事業單位層級的高階主管則需要達到願景層次的領導職能模式中所描述的各項職能及其關鍵行為。

表 3.3　3M 的領導職能模型

基本（Fundamental）層次

- 講求倫理與正直誠信（ethics and integrity）
  對於 3M 公司的核心價值、人力資源原則與企業行為準則呈現出不容妥協的履行承諾。藉由相互間的尊重與持續的溝通，建立他人之信任與個人的自信。

- 展現智能（intellectual capacity）
  能夠迅速地吸收與整合資訊、確認問題的複雜性、勇於挑戰基本假定及面對現實。能夠處理多元、複雜及矛盾的問題情境。清楚、明確及精簡的溝通想法。

- 成熟果斷（maturity and judgment）
  針對企業的挑戰，能夠展現韌性與果斷力。能夠深思熟慮與及時地做出決策。有效地處理模糊的問題及能從成功與失敗的經驗中學習。

必要（Essential）層次

- 客戶導向（customer orientation）
  對於 3M 的客戶能提供高價值工作內容，在每一次與客戶的互動中發展正向的關係

- 培育部屬（developing people）
  營造一個重視多元化與尊重個人的選才與留才的工作環境。能夠促使個人與部屬不段的學習與發展，並尋求公開與真實的回饋。

- 激勵他人（inspiring others）
  能夠影響他人的行為。能夠透過目的感與合作的識，激勵部屬追求個人工作上的滿足及高工作績效。能夠以身作則。
- 追求業務發展之健全與成效（business health and results）
  除能在業務面上經常展現短期的績效，並能確認及成功地創造產品、市場及區域成長的機會。持續的尋求方法為組織的未來成功加值。

願景（Visionary）層次

- 全球視野（global perspective）
  能夠以 3M 全球市場、能力與資源的觀點來經營企業。能夠在多元文化環境中展現全球領導力，並相互尊重以利 3M 的發展。
- 願景與策略（vision & strategy）
  能夠開創與溝通以客戶為中心的願景，能夠整合及糾集組織全員致力追求共同的目標。
- 滋育創新（nurturing innovation）
  透過自由與開放的風氣，創造及維持一個支持實驗、獎勵承擔風險、強調好奇心及挑戰現狀的工作環境。影響未來以利 3M 的發展。
- 組織應變能力（organizational agility）
  能夠掌握、尊重與運用 3M 文化與資產的優勢。能夠在各事業單位內領導整合性的變革，協助組織獲取持續的競爭利基。能夠有意圖及適當地運用團隊。

運用職能模式的好處

組織的人才規格可以用職能模式來展示，並由數個職能項目組成。這樣的設計方式有下列幾個好處：

聚焦

以 3M 為例，如果該公司有員工展現出個人企圖，希望將來有機會在各層級擔任領導者，他的領導行為就必須符合職能模式中所描述的領導行為條件。所以職能模式可以讓員工個人瞭解組織選才用人的標準，與個人必須發展與展現的能力。

共識

　　職能模式一旦建置後，組織有了選才與用人的標準，容易建立對於人才條件的共識，比較不會因為個別主管的好惡，而在選才用人上產生大量爭執，造成組織內部不必要的人事鬥爭。

客製

　　職能模式的建置必須考量個別企業的需求。尤其是各個職能項目中關鍵行為指標的描述，必須依照個別企業組織實際在管理過程中的需求而設計，尤其能反映工作卓越的績效表現，如此才能達到整體組織管理的目的。

具體

　　各個職能項目中的關鍵行為指標在設計的時候，在描述上必須要非常的具體，而且是可觀察到的，這樣的行為才可以被衡量（例如以「發生的頻率」來衡量）。運用關鍵行為指標衡量組織中各級員工的工作或領導行為，所取得的量化資料才可以被後續應用在各種不同人員管理功能之上，如個人能力發展與職務晉升。

員工管理上的深度應用

　　傳統的人力資源管理各項功能是被分割的，沒有一套工具來聯繫組織人才的選、用、育、留等各個功能。

　　所以組織在管理人才的時候，作業流程常自相矛盾。任用單位所

招聘進來的人選，由於能力條件不足，讓後續教育訓練單位花費許多成本來重新塑造人才。薪酬福利單位在設計薪資的時候僅顧及企業的用人成本，未考量市場人才的供求的狀況，而造成企業在搶人才的時候，沒有足夠的誘因，找到好的人才。有人員異動（晉升與調任）的時候，各部門容易各自堅守本位主義，未考量員工的潛能與各級人才勝任的條件，造成高階人才日後沒有接班人選——以上種種現象，我們不難在今天的台灣企業中發現，而且這套劇本日日上演。

職能模式的建構與應用就可以解決上述可能發生的問題。既然人才所需要具備的條件都已明定，那麼在選才用人、育人留才的時候皆用同一個標準。也就是應用下面幾點來開始人才管理：

- **職能選才**：企業在選人的時候特別考量應徵人員是否符合各項職能所描述的條件。
- **職能發展**：企業在進行員工培訓時，特別針對員工在各項職能上的表現與評量結果，聚焦式地設計課程及發展活動。
- **員工績效考核**：特別考量員工在職能行為上的表現是否符合公司所明定的條件。
- **激勵留才**：凡事達到職能條件要求的員工，公司給予獎勵；對於達不到要求者，公司則不予獎勵，並要求改善。
- **員工異動**：職能評鑑的結果作為員工晉升與調任的主要判斷條件之一。

透過上述的運用，職能模式便可以在企業人才管理上發揮積極的

作用，針對企業對於人才的選、用、育、留，能夠發展出一套合乎邏輯的管理規範。所以，職能模式的設計與在各項員工管理制度上的應用，的確可以為企業帶來許多好處。

人才規格面向二：人才多元化

除了考量組織人才工作應展現的職能水準外，也應考量組織人才的組合。因此，另一個企業人才規格設計的議題就是「人才多元化」，這是新近企業在全球化經營時一個非常重要的議題。

所謂多元化，就是組織必須要在管理上容納不同種族、性別、年齡，性向，及身體殘疾的員工。人才多元化是指每個組織成員都應該被重視，因為它涉及到商業利益、道德以及社會等因素。尤其，不同背景的人能夠帶來新鮮或有別於制式的想法與看法，促使組織創新，可以更有效率地完成工作，同時提供更好的產品與服務。

多元化與以往管理界所探討的「工作平權」概念也不同。工作平權主要是透過立法來要求企業在雇用過程中，對於不同種族、性別、年齡，性向，和身體殘疾的員工，必須一律平等的對待，包括待遇、訓練、升遷與員工福利等。而多元化主要是來自企業策略的考量，組織因為成員具備更不同的種族、性別、年齡，性向與文化背景，可以給組織帶來更多不一樣的思考面向，更多的創新的機會與對客戶需求的更有效掌握。這種策略性的多元化可以為組織開創更多商機，同時因為對於不同文化的理解，可以讓企業更易成功接觸、深入至不同面向的客戶市場。

一般說來，多元化可以自三個層面來看待組織人才的多樣性：

- 社會性類別的多樣性，包括年齡、性別、性傾向，身體殘障、社會階層、種族信仰。
- 資訊性類別的多樣性，包括教育程度、工作年資、職務功能
- 價值觀類別的多樣性，包括人格特質及處世態度。

以世界最大的化妝品公司法商「歐萊雅集團」（L'Oréal Group）為例，該公司的產品全球普及化戰略及經營格局，就是以多元化的用人策略為基礎。

歐萊雅集團相信，只有聘用多元化人才，才能創造出滿足消費者多樣化需求的產品，並將產品成功的行銷至世界各地。可以說，多元化是歐萊雅集團企業文化的基因，也是核心價值所在，它能夠激發組織成員的創意與靈感。歐萊雅集團把來自不同國家與民族、不同文化背景、不同膚色與性別的人吸引在一起，融合為一體。以中國地區的歐萊雅公司為例，旗下員工就分別來自中國大陸、香港、臺灣、法國、印度和泰國等 18 個國家和地區。

該公司在選拔人才時，自然非常注重發掘員工身上的多元化特點和能力，比如他們的忍耐力、開放心態、開放性思維、好奇心、積極性，這些特點和能力都與企業人才的多元化策略息息相關。

甚至，考慮到中國市場的規模和重要性，歐萊雅（中國）的戰略已經從「在中國銷售」轉向「在中國製造，為中國製造」。歐萊雅（中國）不僅僅是滿足消費者的需求，而是為消費者提供他們所期待和夢

想的東西。

在 2005 年，歐萊雅（中國）在上海浦東成立了研發與創新中心。它是繼法國之後，歐萊雅集團在全球最大的實驗室，目前的研發團隊已達 260 餘人。該研發中心主要致力於前瞻性的產品研究，例如，開發新的產品成份，並在人造皮膚上測試他們未來十至十五年後會推出的產品。

由於中國大陸幅員廣大，存在著多元文化，多元化人才在中國處處可見。任何有意在中國大陸發展的跨國公司，都必須建立多元化的人才團隊，確保組織成員中性別、文化背景、地域差異、教育背景、成長經歷等各方面的多樣化。在歐萊雅中國的分公司，雖然有 95％的員工來自本土，但他們來自不同的地區，很多擁有海外留學或者不同的工作經歷。

幾年前，我在因緣際會之下造訪巴黎歐萊雅在中國上海地區的品牌國際發展部，該單位的「產品組」就是一個典型的多元化團隊。

這個團隊有四個人，分別來自不同的文化背景。其中，產品組的經理在我造訪之時，已加入歐萊雅 11 年，她是歐萊雅香港分公司的第一批管理幹部培訓生。她在加拿大出生，在香港長大並就讀小學，之後分別在新加坡、加拿大就讀中學和大學。大學畢業後，她又回到香港，加入了歐萊雅公司，六年後被派到法國總部做品牌行銷工作，兩年半以後又被派回中國大陸負責產品開發。有了在總部的工作經歷，她回到中國後，與總部產品開發部門的溝通更加順暢了。

團隊裡還有一位來自臺灣的女性負責產品研發、一位來自泰國的

男性和一位從香港留學回來的本土人才負責市場行銷。**她們都是「文化混血兒」，易於接受不同的文化和觀點。當她們進行產品開發時，藉由腦力激盪，經常在會議中相互之間激發出各式各樣的靈感。**在與總部或者其他國家的產品部門溝通時，他們也經常獲得啟發，譬如巴西現有的某個產品系列，未來可能考慮在中國推出，或者中國現有的產品也可以被其他國家借鑒。像這樣的一個具有創意的產品開發團隊，就是企業有意圖地運用多元化人才的一個很好的範例。

美國「人力資源管理協會」（Society of Human Resource Management）在 2001 年曾調查《財星》雜誌前 1000 大企業有關「企業對於多元化人才雇用的意見，究竟人才多元化對於企業在商業上有何正向的影響？」該調查的結果發現，雇用多樣化的人才對於企業組織管理效率的改善與商機的提升，主要有幾個好處：

- 可以改善公司文化，尤其是讓公司的文化特性更加包容；
- 可以吸引不同類型的員工，有利於新進員工的招募效率；
- 可以更容易體察客戶的需求，改善客戶關係；
- 多元包容的組織氛圍，可以提高員工留任率；
- 多元包容的組織文化，可以減少組織衝突，降低員工抱怨及訴訟；
- 對於不同文化的理解，可以強化企業進入新市場的能力；
- 有利於新產品的開發與創新，直接影響企業獲利的能力；
- 多元化有利創新與問題解決，可以增加生產力；
- 產品與服務的開發可以更多元，增加企業的品牌實力。

　　這項調查結果顯示，公司雇用多元化的人才，對企業發展絕對會帶來正向的結果。

　　綜合這一章提出的「既聚焦且多元」人才規格的論點，我建議台灣公司管理層在建立內部人才庫時，可以先考量員工是否具備承擔工作的基本職能，以展現卓越的工作績效表現。接著再考量這些人才的組合是否多元。

　　如果企業的內部人才庫能夠兼具這兩個面向的考量，相信企業在進行人才管理的時候，應該會有較足夠的人才資源可供運用。

　　在接下來幾個章節，我們將接著針對由人才規格啟動的人才管理活動一一進行探討。

第 2 部

讓人才流動吧！

組織人才管理最主要的目的是——公司內部
的關鍵職務，能在適當的時間點，找到適任人
選，發揮組織期望的效能。然而，要如何去判斷
組織中哪些人未來可能具備關鍵職務適任的條
件呢？

Chapter 4

訂出你的人才管理
行動方案

沒有人想要失敗，他們只是沒有做好成功的打算。

——英國外交家 威廉·沃德

　　人才策略是企業整體策略的一部分，而人才規劃（Talent Planning）是企業執行人才策略，進行年度人才管理的第一步。人才策略主要依循企業策略，檢視企業目前人才之存量（依據相關人才能力與潛力的評鑑分析資訊），確認企業未來人才質與量的需求，並針對後續各項人才規劃與管理活動提出指引並預作準備。處於金融危機後的經濟環境下，企業面臨競爭之態勢日益加劇，組織對於人才的規劃，不僅在於人才的能力提升與發展，更重要的是能夠讓人才有意願留任並持續保持工作投入的意願。

　　企業年度人才規劃通常是企業年度的營運會議中的關鍵議題，由企業高階經營團隊主導整個過程。首先，人才規劃可以由兩個部分進行，第一個部分是由組織高層主管先就企業經營狀況進行檢視（Business Review），分析目前經營現狀與未來組織發展所面臨的問題，從其中思考組織人才規劃的方向；第二部分，就目前公司內部人才結構進行檢視，掌握企業未來人才所需的能力與目前人才的能力結構間的落差，做為組織徵才或人才發展的依據。透過彼此間的對話，形成對於組織年度人才規劃方向的確認，並依序清楚地回答下述幾個問題：

- 過去一年中組織表現得如何？有哪些地方超越了設定的目標？有哪些地方表現不如預期？什麼原因導致組織無法達成目標？

- 什麼是未來三個月至一年的組織期望達成的短期目標？舉例來說，短期目標包括銷售目標、新產品的開發或者新市場的開發等，這些目標必須清楚的定義出來。

- 什麼是組織未來兩年或三年後想要達成的目標？舉例來說，如何獲取組織之持續競爭優勢或者擴展核心事業版圖？或者是企業下一個階段發展的目標？這些目標也必須清楚的陳述出來。

- 什麼是企業目前及未來面對的挑戰？清楚地指出達到上述企業目標可能遇到的阻礙。舉例來說，開發新產品所需的能力為何？有新的研究計畫嗎？是否有任何成本管控的壓力？

- 哪些是引領組織達成目標的關鍵職務？位居這些職務的組織成員在克服阻礙及達成目標所需具備的技能及特質之條件為何？

經由上述問題的逐步回應，企業高階經營團隊自然會將這些問題引導至人才規劃的內容上，並責成企業人力資源單位進行後續實質規劃的活動。

人力資源單位在進行人才規劃時，可依循下列四大步驟：

步驟一：未來人才數量與質量之需求；

步驟二：組織人才結構現況之分析；

步驟三：組織人才目前所具備的能力與理想能力間之差異化分析；

步驟四：人才優化建議與行動方案。

企業在進行人才規劃時，最大的挑戰通常是「如何去預估未來的人才數量與質量？」，我們建議企業可搭配質化與量化分析，來規劃人才。

質化分析可以透過上述營運策略會議的結論，瞭解組織未來員工所需具備的關鍵性技能與人才需求的大致方向，再根據此方向，進

一步對人才屬性、人才結構與職能條件進行分析。舉例來說，某家企業若是希望進入新的業務領域，就可以很清楚的瞭解到未來三到五年內，組織人才結構需採「倒梯形」方向發展：也就是它將需要許多有經驗的業務相關人員進入公司，以快速開拓新市場。

再舉個例子，某高科技公司未來的策略發展是想提供顧客整合性解決方案，那它對於未來人才能力的期待可能即是「要具備全球視野、整合性思考，且能以願景領導來帶領公司內不同的團隊」等等條件。因此，它對人才的晉升與遴選的標準也必須從過去強調戰功或業績達成，轉向具有全球視野及策略思考的選才標準。

另外，人才規劃活動同時也需評估「目前組織人才所擁有的能力」與「未來組織所期待能力」兩者間的差異為何，並擬訂組織各個人才的個人發展計畫（如透過策略性輪調在不同事業單位之工作歷練），以促成培養組織未來所需的人才。

接著，組織可再進一步透過量化的數據，分析產業機會與威脅，包括市場潛力、公司獲利能力、成本結構與關鍵績效指標等，以調整人力預估。舉一個我個人先前輔導的電子公司為例，當時該企業的某項「A產品」市占率原不到1％，但是該公司策略目標很清楚，就是要兩年內讓A產品的市占率超過5％。因此，透過量化分析現況與未來業務成長的差異化分析，該公司發現組織相關業務人才必須擴增至目前兩倍半的人數，所以就訂定它未來三年關鍵業務人才發展的缺口與後續行動方案，包括進行組織職位調整、人力重新配置、個別人才的職涯發展與培育計畫等。

人才規劃相關基礎工作有哪些？

確立組織人才管理與發展專責組織

組織必須要建立「人事評議委員會」或「人才發展委員會」類似組織來推動人才管理與發展的業務，其位階最好超越目前公司內部的人力資源單位，是一個跨功能常設性的組織。委員會的成員最好包括總經理及各功能單位的最高主管。人資單位在這個組織中的角色，是人事相關資訊的提供者，讓組織成員能夠根據事實證據來進行決策。這個組織的功能在人才管理與發展方面，包括：

- 審核通過人資單位所設計的組織人才管理與發展相關制度。
- 確保人才管理與發展制度能夠確實貫徹執行。
- 確保人才管理與發展的年度經費預算能夠獲得組織支持。
- 相關人才管理與發展的決策，尤其是人才盤點活動的執行，包括關鍵職務的接班人選、評鑑工具的運用、評鑑資訊的內容及關鍵人才後續發展活動的建議與提案等。

組織關鍵職務的認定及決定人才管理的範圍

既然組織人才的管理僅針對組織中的部分員工，那麼一定會有一個範圍，這個範圍的界定，通常是依據組織中關鍵職務的多寡。人才規劃應先將組織職務適當的分類，據以判斷出組織中有那些職務，其所發揮的作用，足以對未來組織的發展，產生巨大的影響。組織職務依其對組織發展與策略影響（Strategic Impact）程度，大概可以分為四類：

- 策略性（Strategic）職務；

- 核心性（Core）職務；
- 必要性（Requisite）職務；
- 非核心（Non-core）職務。

　　組織必須根據組織策略與發展的需求，將關鍵職務規範出來。一般說來，高階管理職務對組織發展的策略影響程度較高，屬於策略性職務；中、基層主管與關乎企業核心競爭力的各功能面專業職務屬於核心性職務；一些行政支援類型的職務及第一線工作人員則屬於必要性職務或者非核心職務。

　　舉例來說，高科技公司組織中的技術長這個位置應列為策略性職務，研發單位的高階技術人員屬於核心性職務，人資總務專職人員屬於必要性職務，線上直接生產人員屬於非核心職務。策略性與核心性職務對於組織來說，其重要性比較高，且難以取代，應視為關鍵性職務，現任及未來有機會擔任這些職務的員工，應被列為組織人才管理的主要對象。

選擇人才評鑑工具，進行員工潛質分析

　　除了具體的人事資料可資運用外，人才的識別有時必須借重客觀的評鑑工具，企業在進行人才規劃的時候，必須針對組織所訂定的選才條件，選擇可以鑑別候選人是否符合這些條件的評鑑工具，以為後續人才評鑑之所用。員工潛力，也就是職能模式中所描述的個人卓越工作表現的條件，可以自個人過去工作行為的表現、人格特質、個人

領導能力的展現及突遇未知情境的臨場反應等資料來探知。

對於人才評鑑，建議採行「多方法及多來源」（Multi-method & Multi-source）的方式，從各種角度來識別「標的人才」（Target Talent）。所謂多方法，即是運用一種以上的評測工具來進行人才評鑑；而多來源的意思就是「資料取得的來源不僅限於一類的對象」，除了標的人才當事人自身以外，可以包括其上司、部屬、同僚（含單位內同僚及跨單位同僚）、導師（Mentor），以及所服務的客戶等與當事人具有密切工作關係的人。

員工領導與管理相關職能則可以自目前、過去及未來可能的行為表現來觀察鑑定。在評鑑工具方面，多角度的「360 度回饋」可以用來評析個人目前的工作行為表現，「行為事例訪談」（Behavior-event Interview）技術則可以用來評析以往的工作行為表現；而「情境模擬測驗」可以預測個人在不熟悉的情境下可能會有的行為反應，最常被使用於人才評鑑中心（Assessment Center）。最後，公司可以輔以領導力特質、認知能力、個人價值觀等評鑑工具，整體且全面的剖析組織內員工的潛質。

發展人才的分類準則

我們在組織中進行人才管理的時候，經常發生一個有趣的現象，那就是「許多工作績效表現相當傑出的專職人才，在晉升至主管職後，卻因為本身的管理能力不足或無法進一步提升，以致於不適任」。甚而，也有許多基層主管任內表現相當突出的管理者，當晉升至中階主

管的時候，也無法勝任。因此，我們發現：目前是「高績效」（High Performer）的員工，未必是一個將來能夠持續進步並自我提升的「高潛能」（High Potential）的員工，如何辨識出「高績效」與「高潛能」的員工，這可能是企業人才規劃必須正視的一個課題。

　　組織人才管理最主要的目的是——公司內部的關鍵職務，能在適當的時間點，找到適任人選，發揮組織期望的效能。然而，要如何去判斷組織中哪些人未來可能具備關鍵職務適任的條件呢？當然，判斷的準則不一而足，人才規畫根據人才策略與組織特定的職能模式，其研擬必須考量企業未來的發展，清楚的將組織人才分門別類，明確化組織人才管理的對象。一般說來，人才分類的指標不外乎出自以下幾個方向：

- 聚焦於績效（Performance Focus）：以目前或最近一個時段的績效表現來表示未來的潛能。運用此指標者，認為過往的績效可以預測未來的表現。

- 聚焦於潛能（Potential Focus）：根據個別企業研究的結果，篩選出一些職能來進行評測，其結果可作為判斷未來潛能的依據。抱持此觀點者認為透過職能行為的評估可以找出個人發展的潛力。

- 聚焦於一些關鍵的人事紀錄（Track Records）：一些人事資料與紀錄可以作為潛能判斷的依據，包括工作資歷、專業證照、外派意願與機動性（Relocation Mobility）及語言能力等。

- 差距分析（Gap Analysis）：員工目前的績效表現與先前其直屬

主管擔任同職務時績效表現之差距，來表示員工是否具備潛質。

- 運用人才九宮格（Nine Box Grid）：運用人才九宮格（見圖
  4.1），橫向直線表示績效分數的位置，縱向直線表示職能行為
  分數的位置，根據員工績效與職能評鑑後的分數，勾勒出員工
  在座標區的位置。一般說來，高績效與高職能的員工就具備關
  鍵職務接班的實力。

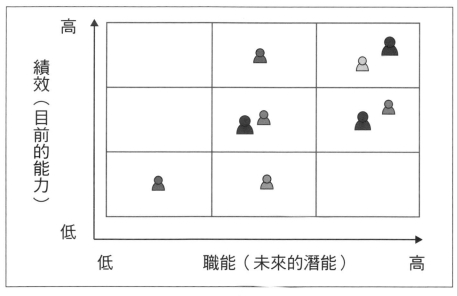

圖 4.1 人才九宮格

作者建議結合運用上述幾個方法（例如結合人才九宮格及個人在
關鍵事件表現上的人事紀錄），判斷一個員工是否具備擔任關鍵職務
的條件。更重要的是，人力資源單位必須有一套使人信服的邏輯，並
盡量運用實徵性的資料來證明方法運用的正確性，以說服組織中的其
他成員。

爭取直線主管的認同與參與

企業組織人才管理能否成功，除了人資單位制訂相關的管理措施與運作流程外，直線主管的參與相當重要，尤其在人才開發與人才盤點這兩個階段。以往員工的教育訓練與職務的異動，主管僅需根據組織的管理規章制度來進行部屬管理，協助部屬參與公司的訓練活動，或是協助其職涯發展，員工所受到的待遇是一視同仁。

人才管理則需要各階主管投入個人的時間與精力在個別的高潛力員工身上，進行客製化的協助。直線主管在人才管理過程中，必須經常扮演以下幾個角色：

- 導師（Mentor）：傳授工作相關的專業知識及技巧。
- 教練（Coach）：引導及強化高潛力員工的心智能力。
- 績效確保者（Accountant）：督促及協助改善員工績效表現。
- 激勵者（Motivator）：激勵員工挑戰高難度工作目標，維持高度的工作動機。
- 支援者（Supporter）：在員工遇到挫折時，給予員工必要的支持，培養其挫折的復原力。

組織人才管理可以透過晉升制度、內部講師及導師制度、績效管理制度等，積極讓直線主管參與，並且透過激勵機制趨使其有意願參與。

擬定人才發展與留任之策略與方法

許多企業在進行人才管理時，特別在意的是「組織能否找到優秀的人才，而且馬上能熟悉新職，在短時間內展現績效」，他們並未思

考如何花費時間逐步開發當事人的潛質。

　　其實，這是一種很短視近利的做法。人力資源之所以有價值，是具有時間意義的，尤其是當一個人才的潛質被充分開發後，他日後能持續帶來的影響力是難以估計的。企業對人才的開發與留任應花費更多的心力。

　　這裡可以舉當今兩個 NBA（美國職業籃球聯盟）球隊的例子，說明「花小錢也能培養出一支偉大的球隊」——只要球隊對人才的管理更有企圖心及策略準備。

　　在 2000 至 2010 年間，有兩支 NBA 的常勝球隊，就運用截然不同手段來成就球隊的傑出表現。

　　其中一支隊伍是大家所熟悉的「洛杉磯湖人隊」，該隊支付球員的薪水幾乎是所有 NBA 球隊中最高的。他們的策略是利用高薪資收購其他 NBA 球隊中明星級的教練及球員，透過短時間「組合王牌」，達到球隊奪冠的目標。不錯，這樣的策略的確為湖人球團在十年內取得五個冠軍，但是這全靠銀彈來達到目的。但是，該球隊自從 2009 年教練傑克森（Phil Jackson）與球團不和離去後，該球隊的戰績自此以後一蹶不振。

　　另外一隻常勝球隊則是位在德州中型城市聖安東尼奧市的「馬刺隊」（Spurs）。由於這個球團的資金不若大城市的球隊雄厚，該隊的教練波波維奇（Gregg Popvich）與球團的策略，即是以系統化的方式來招攬人才、建立團隊，並施以訓練以激發球員的潛能。也由於該隊每年戰績都不錯，年年都打進了「季後賽」（playoffs，在正規

賽季中有較好成績的隊伍才能參與），因此在次年「選秀會」上也多半無法得到順序較前面的選秀權（「選秀」是 NBA 每年會舉辦的新球員徵選，大致上來說，為了顧及讓聯盟實力均衡，避免使隊伍間的強弱過於懸殊而影響票房，所以是以「前一年戰績較差的隊伍」優先選擇天賦較佳的年輕好手入隊。）退而求其次，馬刺球團只好依據球隊的戰術系統與球團文化，從選秀的「後段班」找出有潛質的球員，同時也經常透過海外市場找尋球團需要的非美籍球員，再透過系統化的培養，激發其潛能。長期下來，果然造就出馬刺隊在 2000 至 2010 年間取得四次 NBA 總冠軍的佳績。而且，該球團的整個球員培育系統及團隊文化已然形成，成為這十年間全世界所有職業球類運動中勝率最高的球隊之一，而馬刺對人才經營的常勝基礎，也仍一直延續至 2010 年以後。

企業的經營就有如球隊的經營一樣，世界知名且年逾百年的企業如 GE、巴斯夫化學（BASF）、寶僑家品、3M 等，皆是十分重視內部員工的發展與留才的。這些長青標竿企業總能夠透過如「企業大學」的建置、職務輪調、接班人制度及結合財務性與非財務性報酬的全方位激勵制度，系統化的開發員工的潛能及強化員工的工作投入感，持續為企業發展找到人才。

有效管理員工的期望

企業人才管理制度必須有效管理員工的期望，一則不要讓那些被組織列入高潛力人才名單的員工患有「大頭症」，同時也必須讓那些

無緣進入高潛力人才名單的員工也不會認為企業內部到處充斥著「菁英氛圍」（Elite Climate）。企業必須運用多元溝通的機制，營造組織有助於人才管理的管理氣氛。我們建議這個議題可以自幾個方向思考：

（1）**建立更多元包容的人才管理與發展措施。**人才管理應擴及公司內部所有的功能單位及階層，不要太侷限於所謂的高潛力員工族群。在相關的員工管理制度上，對於那些對公司有貢獻的員工都要給予一定程度的關注，同時給予不同形式的待遇。有些組織會將公司中的人才歸類為不同的族群：關鍵績效員工（Key Performers）、未來領袖（Emerging Leaders）、未來之星（Future Stars）、高潛力員工（High Potentials）等，在財務性報酬、員工發展、異動升遷上提供不同的管道來激勵及發展員工，讓員工能夠知覺公司充分地提供不同的機會，讓不同類型具有潛質的員工展現才華。

（2）**明確溝通哪些人事資訊可以公開，哪些不能公開。**人才管理措施必須清楚地在事先揭示什麼樣的管理資訊是可以公開的，什麼樣的資訊公司必須保留，不得對外公開，以避免員工的猜測與誤解，造成公司在員工管理上不必要的困擾。舉例來說，有些公司就明訂人評會對於每個年度高潛力員工名單討論確認的結果，則採取個別通知，不對內向全體員工公開名單的內容。

（3）**「機會公平」與透明化的作業流程。**組織人才管理制度必須強烈主張機會均等與透明化的作業流程，並且在執行上能言

行一致，確實履行這個承諾。所謂機會公平指的是「凡是組織成員，只要個人條件符合制度中所規範的資格，皆有機會被公平的考量進入公司的人才名單之中，不受種族、性別、國籍、甚至學歷等出身背景的限制」。一個組織的人才管理若不能開放及維持機會公平的機制，就難以受到多數組織成員的支持，更可能因此而流失重要的人才。以往這種例子可說是層出不窮，尤其是台灣傳統社會經常陷於「名校畢業光環」與「外國月亮比較圓」的「喝洋墨水的學歷」迷思，很容易陷入使人才制度於「機會與待遇不公」的泥淖當中。

另外，透明化的作業流程也可以展現組織攬才的誠意，並且更容易獲取組織成員的信賴。最令人擔心是在人才管理過程中，凡事皆「黑箱作業」及囿於「小圈圈密室政治」，這種類似幕後操作的結果，通常難以讓人信服及獲得組織所有成員的支持，甚至最後使得員工對整個組織喪失信心與投入感。

設計成效評核指標或分析模型，並選用相關資訊管理工具

企業年度性人才管理活動既然是要配合組織營運策略，就必須訂定成效追蹤的機制與最終成效評估的指標，才能確保管理活動執行到最後能達到預期的目的。

不論是人才管理期間的成效追蹤機制與最終結果之成效評估指標，皆須根據組織營運目標來設計，才能夠清楚的展現人才管理與營

運目標達成間的因果邏輯關係。

有些企業會運用「平衡計分卡」系統中的「策略地圖」（Strategic Map）或傳統策略分析的「魚骨圖」（Fishbone Map）等類似工具進行因果關係分析及設計資料的分析模型，或是會設定人才的關鍵績效指標與相關計算公式。

不論是採用那種方法，相關資料的蒐集必須是持續的過程，從管理活動開始就必須展開，千萬不能等到最後關頭才做。目前市面上也有許多人才管理資訊處理系統工具可供使用，能夠協助資料的蒐集與計算。（本書的最後一章將針對人才管理成效評估方法與相關資訊處理工具的運用，進一步地詳細說明。）

加拿大羅傑斯通訊集團的人才規劃 [1]

羅傑斯通訊集團（Rogers Communications，以下簡稱 Rogers）成立於 1960 年。目前是加拿人最大的媒體及通訊公司之一，服務內容包括無線及有線的網路或影音服務，總員工人數已超過 3 萬人。該企業的創辦人是泰德·羅傑斯（Ted Rogers）。

與近幾年世界各主要市場的狀況一樣，加拿大的通訊及媒體產業也在快速變化，這使得 Rogers 需要進行人力資源方面的變革。尤其，包括政府通訊相關法規的快速改變、產業競爭加劇等因素，都讓 Rogers 整體營收的成長速度由過去的迅速成長轉變為逐漸下滑；此

---

[1] 本個案取材並改寫自育碁科技對外企業網站之 HRD 專欄，該案例的原作者為資策會數位學習中心張博勛先生。

外，該公司人員的薪酬福利占整體營運成本的 70％。有鑒於以上因素，Rogers 決定要強化公司整體團隊的效能，以提升組織中每位人才所能產生的投資報酬率。

在研議之後，透過「購併」以壯大整個企業集團的實力，成為 Rogers 的主要營運策略之一。而在媒體及出版產業，該公司則傾向購買「人力資本」而非廠房、土地的硬體資本；因此，如何有效的評估各種人才的能力、分析工作團隊能力需求、並決定公司團隊中該保有以及發展的人才，就是 Rogers 這種購併策略成功與否的關鍵。

總結上述背景，為了促使公司持續達成營運目標，Rogers 就針對企業內部人才的規劃與管理，進行下面幾項工作：

- 發展一個具體的流程來進行人才投資；
- 建立一個全面性、前瞻性的人才需求預估；
- 將人才發展方案與企業需求做連結。

過去，由於缺乏整合性的專案在運作，因此，Rogers 的高階主管或部門主管無法辨識「哪些人是公司的菁英人才或潛力人才」，也無法預估未來部門內的人才需求。於是公司冀望透過菁英人才管理專案的進行，希望能讓主管們可以進行人才需求的規劃，並搭配公司相關訓練發展活動來達成以下目標：

- 釐清組織人才缺口，確認組織人才需求；
- 找出並解決員工生產力受限的原因；
- 基於營運重要性來分析並區分職務；

- 根據各個職務的策略性貢獻來進行人才投資。

　　由於產業變化快速、且競爭激烈，為了減少對外聘雇人才的需求，公司決定必須加強內部人才的辨識、發展及留才工作。

　　第一步，就是**將薪酬計算等人資行政及例行性工作進行外包，讓內部人力資源專責部門可以將其工作內容，專注於組織人才的管理與規劃上**；此外，透過線上招募工具的運用，也替人資部門省去了不少例行性的行政工作。藉此，人力資源部門的角色可以從傳統以例行作業為主的「行政專家」轉變成為「以人才管理為主」的策略夥伴。同時，這項變革也使得 Rogers 原人事單位內的部分員工因為職能不足或職涯規劃等原因，而被要求轉職。

　　第二步，Rogers 引進了新的人才管理資訊系統來管理、儲存所有工作者的詳細資訊，使員工的資訊可以被迅速的彙整與分析，並可依照功能別、工作地點……等項目進行各種維度的分析。

　　透過以上改變，公司內的**人資部門開始轉變為「內部顧問」角色，專門負責提供變革管理、人才規劃、領導力發展等專業服務**，並透過資訊系統讓各個部門主管或員工個人可以自行取得薪酬資訊、績效設定、技能管理等服務。接著，經由對於外部客戶、合作夥伴與高階主管的廣泛訪談，人資部門也找出了公司的業務經營上的優勢（行銷及業務）以及弱勢（客戶服務與專案管理），並據此作為該公司關鍵職務之職能發展與人才規劃的方針。

　　從此，對 Rogers 而言，策略性人才規劃的定義是：「一個主導

流程,其目的是協助組織釐清對於人才的需求,並透過招募與人資專案來滿足此需求」。

另一家知名的管理顧問公司 Bersin & Associates 則定義「人才規劃」為:「**一個以營運需求為導向的流程,決定組織在現在與未來所需要的人才,並了解目前能滿足此需求的人才供應狀況。**」圖 4.2 就可用來說明 Rogers 如何從不同觀點來進行人才的需求與供給,圖中所呈現的方法可創造出高階主管對於人才發展專案的主動需求。而在進行策略性人才規劃時,第一件工作是透過與高階主管的訪談,根據對組織營運目標的重要性與策略性價值兩個指標,依照下圖將組織內的各項職務分成四種類型:

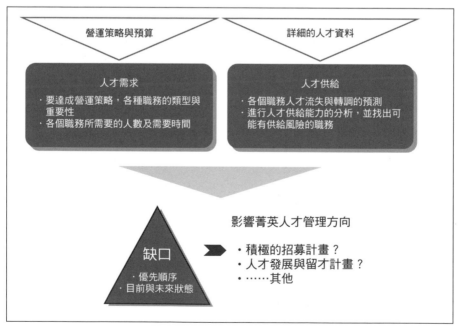

圖 4.2　Rogers Communications 策略性人才規劃模式

- **關鍵職務**（Critical Position）
- **策略職務**（Strategic Position）
- **核心職務**（Core Position）
- **配角職務**（Background Position）

對於以上不同類型的職務，組織會運用不同的招募方式來網羅人才。藉此，相關人事預算及資源可以被有效的分配，菁英人才也可被放置到適合的職務上，而績效管理、訓練發展、留才策略、薪酬制度……等各種人資功能業務也可有效的與營運策略連結。

另外，在新的人才管理專案實際推動時，Rogers 先徵詢了部門意願以及依據各部門在整體組織中的影響力，選擇業務與工程部門試行，再以其作為典範的「經營個案」（Business Case）。也由於該專案推動效果良好，後續很快的就推廣至全公司。專案推動的預期效益是期望能做到「Talent-on-Demand」──也就是說，公司能在「對的時間把對的人才放在對的職務上」，並且藉由下列工作來協助公司有效的招募、發展及留住人才：

- 對於關鍵職務的人才缺口，進行主動且積極的招募活動；
- 藉由流動率與人才退休情況來辨識關鍵職務可能的職缺風險，並透過有效的留才措施來解決問題；
- 針對外部市場無法滿足的人才缺口，事先找出解決方法；
- 找出關鍵職務上人才的能力缺口，並透過訓練發展或輪調等方式來弭平。

總體而言，這項專案使人資部門能緊密的與公司營運策略結合，也讓各部門主管能主動參與菁英人才管理專案，而非如過往由人資部門獨自辛苦的推動。由 Rogers 的專案經驗中，我們可知人才管理規畫成功重點在於幾個要素——「人資專業團隊角色變革」、「有效辨識關鍵職務」、「資訊平台系統運用」以及「成功的試行案例」。

尤其，藉由功能的改變及行政工作外包，Rogers 人資團隊成功轉換成內部顧問角色，並以菁英人才管理為主要的服務內容；而透過關鍵職務的辨識，人才發展的資源可以被有效的聚焦及投入在關鍵性的人才上面，進而能夠產生更大的效益。

另外，有了人資作業的新資訊平台系統助陣後，Rogers 內部員工可以自助式的自行處理許多人資服務，減少人資部門的工作量，並可藉此協助菁英人才管理專案的推行。最後，成功的「先期部門試行」，則讓該公司在全面性推動專案時能夠因為已有佐證而獲得更有力的支持，並可藉早先的經驗調整出更好的專案設計，從而增加高階主管、公司內同仁對於人資專案的信心。

在這章，我們大致出了人才管理中如何「規劃人才」的重要活動縮影。不過，有了「人才策略」、「人才規劃」的基礎藍圖後，接下來，我們將直指幾項目前台灣企業最為一般性的人才管理核心困境：「找不到人」（人才獲取效率不彰）、「關鍵時無人可用」（人才發展不振），以及「人才流動風險過大」（缺乏人才盤點觀念）。

Chapter **5**

取才策略──
如何找到對的人？

世有伯樂，然後有千里馬。

──唐朝大文豪 韓愈

　　許多在台灣企業界任職的讀者，應該對接下來的場景並不陌生。

　　七月底某個艷陽高照的午后，「上揚科技」的總經理室裡充滿著蕭殺氣氛。

　　「王技術長，你的研發二部陳經理上半年度的業績表現真的不是很亮麗！與他在先前公司的表現相比，實在落差很大，你可以找到原因嗎？」林總經理滿臉狐疑的詢問坐在他對面的公司技術長。

　　「林總！我同意你的看法，陳經理去年表現的確不如預期。可是，他才進入公司不滿一年，我們應給他一段時間調整。」王技術長似乎不太認同林總的評價。

　　「那你可不可以告訴我，他到底發生了什麼問題，交付給他的兩個研發專案，進度全部都落後了？」總經理又開始咄咄逼人。

　　「林總！我已 check 過，他的專業沒有問題。關於這兩個專案，以他過去參與從事類似研發專案的經驗，的確有把握可以完成。但我始終認為他是因為無法融入整個研發團隊，與團隊其他成員有溝通不良的問題。」王技術長進一步提出他的看法。

　　「好吧！那你告訴我，當初你們把他從其他公司挖過來，有沒有考慮他是不是有能力融入本公司特有的企業文化？」

　　「這個嘛，我倒是沒有深入去瞭解………，說實在的，我也不知道如何去探知他是否有能力融入本公司特有的企業文化………。」顯然，這位技術長對於總經理的質疑，一時之間也不知道如何應答。

　　究竟，企業該如何運用不同的管道與甄選方法，找到適合的人才，將是本章所要討論的內容。

內部人才 vs. 外部人才

當組織遇到關鍵職務開缺時，人資與用人單位可以根據公司所訂定的職能模式，配合「職務說明書」，對於人選的任職條件有了相當程度的共識後，便可開始進行人才招聘的工作。企業組織人才不外乎來自兩個管道，一是自組織內部拔擢，另一則自組織外部延攬人才。這兩個管道各有其優劣，我們可以用表 5.1 來對照說明。

表 5.1　外部與內部管道取才的優劣比較表

	外部管道	內部管道
優勢	●時程較短 ●成本較低 ●人才易配合組織之變革創新之需求	●忠誠度較高 ●較易融入企業文化 ●可確保組織核心競爭優勢
劣勢	●較難融入企業文化 ●忠誠度較低	●時程較長 ●成本較高 ●如果公司企業文化過於保守僵化，通常較難配合組織之變革創新之需求

通常，企業透過管道自外部市場中競取人才，主要原因是人才無法在短期內由組織內部獲得，或是企業認為無法自組織內部自行培養。相對於內部自行開發，人才自外部取得的成本固然比較合算，但是企業仍必須冒著可能的風險，因為自外部獲取的人才通常需要一段時間適應，到時候如果無法融入原本的企業文化中，就無法發揮預期的效應；同時，外部引進來的人才，通常對組織的忠誠度也比較低。組織如果由內部自行發展人才，可能就需要花費大量的時間、金錢與相關資源。但是由內部自行培養人才，比較容易確保組織核心競爭優

勢。因此，企業在各類人才的獲取策略上，需要權衡考量這兩個取才的管道間優勢與劣勢。

組織如果採取外部管道取才的策略，可能需要再進一步關注一些事情，可以強化組織人才招聘的條件：

雇主品牌（Employer Branding）的效應

有些公司在招募人才的過程中，就是比其他的企業容易在就業市場上招募到一些比較優秀的人才；而有的公司花了極大的力氣，卻沒有足夠優秀的人才上門應聘。

許多研究顯示，企業的「雇主品牌」的確會影響一個公司人才招募的效率，而雇主品牌是企業許多現象的綜合反映，包括企業的產品品質在市場上給客戶的印象、公司知名度、外界對公司工作環境的好感程度、公司所提供給員工的福利與薪資待遇、公司領導團隊給外界的觀感、公司所處產業的發展影響力等。台灣的《天下雜誌》每年皆會針對大專院校即將畢業的學生，進行一項「畢業後就業意願調查」，詢問這些即將畢業的學生，哪些是他們所嚮往工作的企業？這個調查就能反映各家企業的雇主品牌。

所以，愈來愈多的企業開始注意公司的雇主品牌，尤其是人力資源單位會運用一些手法來吸引人才市場對公司的注意，甚至塑造外界對公司的觀感。例如：

- 有些公司特別運用公司網頁的設計，凸顯公司的 logo（視覺標誌）及網頁呈現給閱讀者的訊息，以強化外界人士對公司的印

象。舉例來說，台灣的長榮航空就是利用「綠色」標章，以凸顯公司永續長「青」的企業精神。

- 透過對公司成員的分析，瞭解「具備哪一類特質或條件的人，特別偏好或喜愛至我們公司上班」，由此公司可以特別針對這一類族群的人才進行宣傳。例如，Google 在招募時，特別強調公司內歡樂的辦公室文化及歡迎具創新、有不同想法的職場新鮮人，以吸引一些剛畢業而亟欲企圖發揮個人創意的大學畢業生前往應聘。國內的房仲龍頭「信義房屋」也常利用電視廣告，宣導服務至上與辛苦有成的概念，鼓勵職場新鮮人加入房仲的行業，也是另一個很鮮明的實例。

- 職缺條件的範圍也會影響外界的印象。如果公司一直在求才廣告上，強調要招聘有工作經驗的人士，那麼一些有潛力且剛自學校畢業的學生，就會打消應聘的念頭。

外部人才資料庫的建置

筆者幾年前曾在一個社交聚會的場合與國內工程界的龍頭──中鼎工程公司的高階主管閒聊，當時他們對以往給人的印象是家高科技公司的韓國「三星」，忽然一下子在工程領域（尤其在中東的杜拜）也有許多突出表現，承接了不少具指標性的巨型工程案件感到十分訝異。

其實，我在學校教授 EMBA 課程時，學生中就有三星工程的高階主管曾私下告訴我，他們公司建有外部人才資料庫，平日公司就積

極地觀察當前職場上一些有高成就與高潛力的工程人才，隨時與其保持聯繫，在適當的時機，就會出手以高規格的條件延攬至公司服務。

相比三星的這種前推式做法，我們發現台灣幾乎所有的企業招聘活動都是在「出現人才需求後才展開。」只有少數企業人資單位採取的是在需求產生前就進行招聘。這兩種方法產生的結果大相逕庭。

所謂在需求產生前進行招聘是指透過一個連續的流程，持續不斷地尋覓優秀人才，即使當前並沒有人才需求，搜索到人才後，按照其才能編入至公司的外部人才資料庫中，而資料庫中的名單人數應超過現有職務空缺。簡而言之，該資料庫就是各個關鍵職務優秀人才的電子名片檔，其作用就是在出現企業人才需求時可以加速招聘的進程。

有了這樣一個資料庫，尋找的職缺候選人就可以更便捷，因為相關領域優秀的人才已儘可能的在掌握之中。但是，**當大部分企業人資單位聽到要建置外部人才資料庫時，他們的第一反應往往都是：「不可能！」這種回答其實很保守**。凡對競爭性招聘有所瞭解的人都知道，一些世界知名大學和職業運動隊，及所有一流的企業招募部門都有一個外部人才資料庫。在思科、英特爾和惠普等企業的「應聘人員追蹤系統資料庫」裡，上面保存的人才資訊幾乎都在 50 萬人以上。真正有競爭意識的企業都會透過資訊系統追蹤企業外部的優秀人才。

外部人才資料庫的功效除了尋求人才外，還能創造以下的效益：

（1）**標竿對比**（Talent Benchmarking）：此類資料庫可作為標竿，用於比較、學習，激勵組織內部管理者與時俱進。不論是企業的管理者還是一般員工都很容易與外界隔絕，以致固步自封。透過迫使他們

不斷收集人才名單並評估人選，可以確保他們不僅熟悉業內最優秀的人才，而且瞭解競爭對手的最佳實務以及問題。

（2）**建立社群網路**（Social Network）：組織隨時可以與這些名單上的人選維持連繫，尤其是與人才名單上的人打好關係，即便不能將他們招募到企業內工作，他們往往也可以推薦其他人選，幫助企業找到其他優秀人才和可能招聘對象。

（3）**人才追蹤**（Talent Tracking）：有些人才屬於「**產業遊戲改變者**」，很少會在正值企業有需求的時候才出現。所以，你必須長期不懈地追覓他們，只要招得到，便立即納入麾下。另外，在人才追蹤名單上，通常還都包括一些「**磁石型人才**」，即是可以吸引眾多優秀人才聞風而來的業內知名人士。最後，透過人才追蹤可以讓具有競爭意識的企業，利用外部人才庫評估競爭對手在關鍵領域的人才運用情況，從而預測對手在產品開發和市場擴張等方面的能力。

獵才公司（Headhunter）的運用

許多企業在人才市場上尋求候選人多傾向透過獵才公司，因為獵才公司長期保有各個產業優秀人才的資料庫。這些獵才公司有些是屬外商，有些是台灣本土公司，企業在尋求獵才公司合作時，可以由以下幾點來做判斷和考量。

（1）**可信任度**

首先最重要的是，請找尋值得信賴的獵才公司。一般說來，許多獵才公司的主要經營者都是「獵才顧問」出身，也有一部分來自於企

業人資部門，他們直接從企業出來自己創立公司進行獵才業務。一個好的獵才顧問應具備以下幾個條件：

- 至少從事獵才業務五年以上，其中包括做過至少三年以上的獵才專員工作，有著豐富的獵才經驗；
- 應該要閱歷豐富，曾在多家企業從事過很高的職位，這樣對人才和客戶才能提供具有參考價值的意見；
- 他應對企業的開缺職務內容有一定瞭解，才能精準地理解職位的需求；
- 必須能夠熟練使用各種網路工具並迅速找到人才線索；
- 有過良好的成功案例和業績；
- 一般要求具有良好的人力資源工作背景，能夠提供職涯發展指導及面試技巧；
- 具有極高的職業道德，對人才和客戶高度負責，且不只是為了賺錢；
- 特別善於守護企業機密，更能保證應聘人員的職業安全，嚴守獵才行規；
- 服務態度良好，善於溝通和表達，與他們溝通總能使人感到心情愉悅，並能夠聽到他們發自肺腑的忠告和建議；
- 最後，好的獵才顧問應有強烈的責任感和企業品牌意識。

專業的獵才顧問，一定會與人選討論開缺的職務，並經由人選同意後，才會將人選的履歷提供給企業，但有些獵才顧問會為講求業績

時效，在未取得人選同意的情況下，就擅自將人選的全部履歷或部份履歷直接提供給企業，這樣對當事人就非常沒有保障。

由於人力仲介在台灣是屬於特許行業，政府對獵才公司也都有特別的規定和稽核。因此，基本上只要是有正式的公司登記，並有「私立營利就業服務機構許可證」的公司就沒有問題，對人選也比較有保障。

除此之外，也可以透過朋友的經驗打聽，或者是選擇較具知名度或較具規模的獵才公司才有保障。較具規模的獵才公司，資金充足，不僅在公司內建有人才資料庫系統，並採取嚴密等級的安全控管外，資料也都只能查詢不能複製；尤其一些較具知名度的公司，為維持商譽，內部的內稽控管也較為嚴格。不過，也要小心有些兼營獵才業務的公司，它們雖然具知名度，但並沒有「私立營利就業服務機構許可證」。

（2）專業度與擅長領域

有些獵才公司是專門在做獵才業務，聘請的獵才顧問也都是在產業界或人力資源業界資深的優秀人才，這樣的獵才公司和獵才顧問，才有辦法真正清楚暸解企業及人選雙方的需求和優勢，進而正確的判斷和媒合；而有些獵才公司可能只是一般企管顧問公司兼營業務，對人選也較難提供完整專業的諮詢與服務。

台灣本土的獵才公司規模較小，往往無法完整蒐集到各產業或各階層人選的履歷及資料，因此大多只能專注於某個產業領域或某個階層領域。例如，有些獵才公司只專注於財務會計領域，有些公司只能

專注於高階管理階層，因此，選擇獵才公司必須了解該公司的專業領域是否與你的領域相符，否則你可能與該公司獵才顧問配合多年，也無法等待到機會。大體來說，一般小型公司多是靠人脈累積資源、專業領域較狹隘；中、大型則是同時透過人脈、通路、資料庫等，專業領域範圍較廣。

值得一提的是，有愈來愈多的企業組織使用社群網站，如 LinkedIn 或 Twitter，進行「社交招聘」（Social Recruiting）。這些社群網站提供許多功能，協助建立許多線上專業社群。參與這些線上社群之專業人士利用此管道，彼此間互通有無，提供許多專業職缺的消息。相信不久的將來，企業運用社群網路尋求關鍵人才或是經營線上之網路社會人脈應是趨勢。

（3）挖角對象是團隊抑或個人

許多讀者們可能不陌生近年一些國內高科技及金融界人才遭挖角的相關新聞。科技界如「明碁手機研發團隊跳槽奇美」、「藍天電腦NB（筆記型電腦）研發團隊跳槽到廣達、華碩」；金融界如「前花旗銀行台灣區總裁陳聖德率領 20 人團隊投效中信金控」，據說這些事件的幕後都是由獵才公司一手促成。過去也有如外商飛利浦公司的「亞東實驗室」結束，有一組研究人員也是經由獵才公司的手，送進國內電子業者致伸公司的研發部。

至於國際間的人才挖角案例更是不勝枚舉，近期發生的就是雅虎宣布從 Google 團隊挖角資深女副總梅麗莎·梅爾（Marissa Mayer）出任執行長一職。

　　四十歲不到的梅爾是 Google 編號「第 20 號員工」，可以說是開國元老之一，她掌管「Google 地圖」以及「在地化」兩項服務。另外，蘋果也從 Google 公司挖角其地圖團隊。而根據一些網路部落格的消息透露，傳聞已久的蘋果「iTV」（電視）之所以「千呼萬喚不出來」，就是因為該公司有八名核心工程師遭到中國海信集團北美研發團隊挖角，致使該產品研發拖遲。上述這種大規模的人才流動經常引發爭議，企業間甚至以「惡性挖角」相互興訟。

　　我們在本書並不打算評論以上的事件，但要特別指出：企業在引進外部人才時，究竟是要挖角個人或是整個團隊，應有其策略上的考量。

　　通常，企業欲保持公司特有的文化與核心技術，希望公司能穩健的發展，僅需借助一到兩位外部人才，協助深化企業既有的能力時，挖角個人是一個比較可行的方式。假如對於一家想儘速切入新產品線或建立新事業的公司來說，自行培養團隊緩不濟急，團隊挖角恐怕是最快的方法。以筆記型電腦產品研發為例，一個團隊從成軍、就定位，到真正發揮戰力、開發出具競爭力的產品，至少需要兩三年的時間。但隨著市場競爭激烈，新加入的業者勢必要縮短練兵時程，才能趕上競爭對手；這時候想快速建立團隊、縮短訓練時間，就只能求助於團隊挖角一途。

　　當年藍天整個筆記型電腦團隊透過獵才公司跳槽至廣達、華碩公司，倫飛團隊投效神達、鴻海，以致於近來智慧型手機研發所掀起的搶人大戰，都是類似的情況。

運用職能模式進行人才的選取

　　當企業透過不同的來源招募到足夠的求職者，接著下來就要從這些求職者中，甄選出所要的人才。但就如一句俗話所說：「請神容易，送神難」，如果盲目選取人才，事後也會給企業帶來無窮困擾。所以，科學化的甄選方式，可以幫助企業有效率的選到企業要的人才。

　　我們接下來就將介紹一套系統化的「職能選才」的方法以協助企業選才，這個方法獲得台灣許多大型企業採用，包括緯創資通、旺宏、合勤科技等高科技廠商，還有永慶房產、家樂福等服務型企業，以及富邦、台新金控等金融服務企業。

　　許多研究人力資源招募的學者發現，組織在找人的過程中，**以往較重視應聘人選是否有足夠的專業知識與技能以勝任開缺的職務，而往往忽略去判斷應聘者「是否有能力融入組織文化，與其他成員一起共事」**。我們將前者稱之為「**個人與職務適配**」（Person-job Fit），而後者稱之為「**個人與組織適配**」（Person-organization Fit）。唯有當兩個適配都發生時，人才始能適才適所地在組織內發揮期望的效果。

　　要判斷一個人與職務的適配，多數組織在甄選人才的過程中，是由職缺部門主管來做專業的判斷；而個人與組織是否適配，則由人資單位來負責把關。我在此就建議企業可運用「職能選才」的方式，藉著一系列測驗工具的檢測與面談手法，依據公司專屬的職能模式與應聘者的工作動力來選取公司所要的人才。（見圖 5.1）這種職能選才的技術主要依循下列幾個步驟進行：

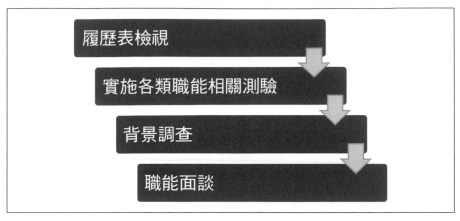

圖 5.1　職能選才的程序

（1）運用職務說明書，檢視應聘者工作履歷

　　透過職務說明書，瞭解職缺工作的內容與範圍，還有每個工作項目必備的知識、技術與能力，具此判斷應聘者的履歷資料，看看應聘者是否具相關的工作經驗、資歷與相關的教育訓練，從中找出合格的人選。

（2）運用各種測驗，找出具備公司職能條件的人選

　　利用各類測驗，充分瞭解應聘者的能力與特質。必須注意的是，公司在運用各種測驗時，測驗的內容必須能夠反映公司專屬的職能條件。測驗有好幾種型式，包括認知能力測驗、人格量表、情境模擬測驗、領導力量表等，端視這些測驗是否可以測量出應聘者的職能水準。表 5.2 顯示了各種測驗可能反映的職能項目。

　　國內有許多測驗工具的提供廠商，包括「104 人資學院」、《就

業情報》、「才庫人力資源顧問公司」等，都有相關產品可供業界使用。企業在使用這些測驗時，一定要確認這些測驗工具是否已經「標準化」（Standardized），也就是說這些測驗必須具備信度、效度及常模可供測驗結果的參照解釋之用。

表 5.2　各種測驗的不同評估目的

測驗類型	職能項目
認知能力測驗	邏輯分析、歸納統整…
人格量表	人際敏感度、誠信正直、適應變革、創新求變、積極自發、效率意識…
情境模擬測驗	問題解決、危機應變、衝突管理、決策思考、策略規劃…
領導力量表	領導統御、決策思考、策略規劃…

（3）透過職能面談找出最佳人選

當企業透過各類測驗篩選出一批合格的候選人後，接著會透過「背景調查」（Reference Check），核對求職者的個人履歷資訊的真實性，及其他一些更深入的關鍵資訊，包括犯罪記錄、教育背景、過去的工作表現等。

最後則進入職能面談階段。職能面談主要採取「**集體面談**」（Panel Interview）的型式，藉由求職者以往工作行為表現的水準，對照企業職能模型中各項職能關鍵行為，據以判斷應聘者是否具備一定程度的職能條件。舉例來說，假如你想瞭解求職者是否具備「**持續改善**」的職能，可以根據應聘者所提供的履歷資料，詢問應聘者以下幾個問題。

- 請告訴我一個你曾經在以往的工作過程中發現問題，然後主動

加以解決的事例？

- 請說明你如何在工作中提高產能？

- 請問你的主管如何衡量你的工作績效？過去三個月你的表現如何？如果表現不佳，你如何改善？如果表現良好，你如何確保你的行動方案有效？

- 請問你過去有超越公司設定目標的經驗嗎？你是如何達成的？

　　求職者必須以其過去所展現的工作行為的具體事例來回應問題，其回答的內容必須描述該事例發生時的工作或問題「情境」（Situation），事發當時應聘者的工作角色及所做的工作內容（Task），對問題情境所採取的具體行動（Action），以及該行動對問題情境所造成的結果（Results）。面試者根據應試者的回答內容，持續不斷地深入「探詢」（Probing）以窺知應試者是否展現「持續改善」的職能中的關鍵行行為，據以反映其是否具備該項職能。

　　通常，用人單位主管們必須接受一定程度的訓練與練習，才能靈活的運用職能面談的技術。一旦主管們能夠學會善用職能面談，企業選才的效率就能夠提升。

　　國內科技產業中的緯創資通公司就借助國際知名的美商宏智國際顧問有限公司（DDI）的輔導協助，導入該公司的專屬職能模型，並要求所有的部門主管接受職能面談的訓練，讓職能面談成為部門主管必備的技能，以提升其甄選面談時「識人」的能力，強化部門招募的效率。

有效引導有助新進人才的保留

讓我們再回到本章開頭所描述的那位高科技公司資深研發經理雇用的故事，從公司總經理與技術長的對話中，我們可以推測這位研發經理可能因為個人無法成功地融入組織研發團隊中，因此無法有效發揮其領導研發的長才。至於為什麼這間公司對外延攬的人才無法融入組織？這一點則可能要追究公司是否有一套完整的「**新進經理人引導系統**」（Newly-hired Managers Orientation System），以有效防止新進經理人因為對組織生態適應不良而陣亡，並增加組織留才的能力。

企業必須瞭解一件事：對新進員工的引導，不僅僅是公司向這些新進員工，「揮出歡迎的雙手」而已，更重要的是**有效率地執行一套完善的引導活動，以體現公司招聘與留才的企圖**。一套規劃完善的引導活動可以：

- 協助新進人員提早進入狀況，快速上手，降低成本；
- 降低新進人員的工作上所產生的焦慮，排除猜測與自我防衛的心理，加速其融入新的工作環境；
- 讓新進人員個人感受價值感，不會被孤立，以降低其離職率；
- 節省部門主管的時間，減少不必要的督導與指導；
- 協助新進人員個人能夠發展合乎實際的工作期望及工作態度，以增加工作滿意度。

通常，一套完善的新人引導活動包含兩個部分。第一個部分為「概

觀式引導」（Overview Orientation），主要是讓新進人員對公司整個體系全貌有一個基本的瞭解。一般說來，這方面的引導活動由人資部門負責主辦，部門主管協助提供相關資訊。公司可以提供新人以下資訊：

- 公司的發展歷史與相關產品與服務。
- 公司的企業文化與核心價值觀。
- 公司的組織架構及各部門的職掌。
- 公司的相關人事政策及員工行為準則。
- 員工薪資及福利。
- 職場安全衛生及意外防範事宜。
- 員工的工作權益及責任。
- 公司的相關設施。

第二部分的引導活動則與工作內容有關，這部分活動由部門主管及新人的直接主管共同負責，主要讓新進人員能夠盡快地熟悉未來的工作環境，內容包括：

- 部門的功能及員工應秉持什麼樣的工作態度參與部門工作。
- 新人的工作職責及應有的工作期望。
- 辦公環境的擺設及相關設備的使用規定。
- 介紹部門同僚及業務上可能往來的相關單位人員。

有些公司為了讓引導活動確實能夠讓新進人員能夠快速進入狀

況，通常會提供一些額外的措施與服務。例如：

- 製作發放新人「生存手冊」（Survival Kit），手冊中提供各式各樣的資訊，以利新進人員參考。

- 特別運用一些正式的工作場合或非正式的社交聯誼活動，介紹公司內的成員，讓新進人員在放鬆的情形下，瞭解組織成員的互動方式與風格。

- 建置「學習夥伴」或「導師」制度（Buddy or Mentoring System），運用一群績優且有經驗的員工協助新人適應工作環境，提供及時必要的協助。

- 結構化整個引導活動，讓新人不會因為太多的資訊，一時無法消化。

- 建立評核指標，以確保新人引導活動的成效。例如：人資部門擔負新進人員九十天內離職率的「關鍵績效指標」（KPI）；部門主管則負責新進人員兩年內離職率的關鍵績效指標，意在敦促人資部門及各單位主管各自負起引導及培育新人的責任。

國內知名房產集團的新人引導作法

我們在這章由如何招募對的人才出發，最後要用國內一家極具規模的房產企業如何讓招募到的新人才融入組織的制度做結束。畢竟，「找到好的人才並讓他們到職後能夠在公司適應與發揮」，才算得上完善的人才獲取行動。

這家房產集團的員工數近萬人（包括直營及加盟人員）。由於房

仲業代流動率非常高，且房仲業代是公司最重要的人力資產，其工作表現攸關公司經營的成敗。該公司對新進人員的引導，設計了許多課程及輔導制度，期能有效的留住新進的高潛力人才。

首先，這家公司會責成各門市主管擔負起引導新進房仲業代的責任，安排輔導人員協助其融入其所屬的工作團隊，冀望其能及早進入狀況；人資單位也安排許多新人教育訓練的機會，讓新進的房仲業務提早瞭解公司的政策與工作上必須注意的事項。這些課程包括：

- 公司介紹：包括房仲產業的歷史及定位，以及公司的願景及組織價值觀、發展歷史、組織架構及各部門職掌、公司的產品及服務等。
- 公司政策：包括集團的個人資料保護法政策、集團的資訊安全政策、職場性別尊重等。
- 工作相關資訊及標準作業流程：包括公司的工作環境及服儀規範、公司的各種規則制度及各類協助窗口、公司的公文規範、公司內部標準作業文件寫作要領、公司內部的財務作業流程及公司內部資訊系統與使用操作說明。
- 公司對外的客戶服務價值觀與工作理念。

另外，由於房仲產業之業務人員所須具備的專業知識及技能有其特殊性，極少能在校園中得以培養，許多學子離開校園，並不知道房仲產業中的業務人員究竟要做些什麼樣的工作內容？因此，這家房產集團的房仲業務單位也會安排一系列專業訓練活動，讓這些新進的高

潛力人才瞭解與掌握房仲業務所需要的專業知識及技能。

　　在新進主管引導方面，組織人力資源部門除了提供上述服務外，最重要是讓當事人能夠對於組織產生強烈的歸屬感與價值感。

　　我個人進一步建議企業還可以額外地提供下列的引導服務：

- 所有的引導活動必須是正式的、且具結構化，讓當事人感受到被尊重。人資單位最好能提供新進主管一份引導活動的「清單」並按表實施引導活動。

- 人資單位必須安排新進主管與公司內部的關鍵人物接觸。

- 安排資深主管級員工擔任其學習夥伴，協助其了解公司並建立良好人際關係。最好能夠在第一時間安排面對面地與各部門的主管接觸，導引其瞭解各部門的業務職掌，使其能夠盡速地掌握公司各單位的業務狀況。

- 在最初的三個月內，人力資源單位必須能夠持續且定期與其會面，提供諮詢與評估當事人適應的狀況，必要時給予一定程度的協助。

　　透過健全的獵才管道及嚴謹的甄選作業，再加上完善的新人引導活動，企業應該就可以踏出人才管理的一大步，網羅到組織所需要的人才！

Chapter **6**

英雄也要常磨劍——
持續加值企業人才資本

如果有人問到我們公司生產什麼產品時，我們會回答說，我們是一家培育人才的公司，電子產品只是我們的附帶產品。

——日本企業家 松下幸之助

諾華裡的「大學」

　　諾華公司（Novartis AG）是全球製藥和醫療保健產業的領導者，成立於 1996 年，由兩家在醫藥和生化界歷史悠久的公司汽巴嘉基（Ciba-Geigy）和山德士（Sandoz）宣布合併成為諾華（Novartis）。公司總部設在瑞士巴塞爾，業務遍及全球 140 多個國家和地區，員工約 81,400 人。依據 2012 年美國《商業周刊》的市值排名，諾華公司是瑞士第一大公司，也是全球最具創新能力的醫藥保健公司之一。

　　諾華公司一向以其高階主管重視人才發展著稱。1998 年，它成立了「企業學習部」（Corporate Learning Department），開始提供一個培育高階主管的多元學習環境，藉由源源不絕領導人才的供應，確保企業持續成長。迄今，諾華公司的企業學習部已與 450 家以上的外部單位合作，提供公司多樣的主管發展學習活動，包括大學的商管學院、顧問公司、外部培訓公司、個別講師、個別顧問等等。分布於全球各地的諾華子公司也運用當地的資源來協助充實他們的訓練發展活動。

　　舉例來說，諾華公司對於中國的投資在最近幾年中不斷擴大，其中在人力資源領域採取的一個重大動作就是將「諾華—中國領導力發展中心」提升為「諾華中國大學」。而諾華中國大學的運作特色之一，就是與世界知名大學的商管學院合作，運用其管理學術與教育資源，提升中國當地管理者的國際化水準。

　　首先，諾華中國大學與北大國家發展研究院合作開辦了「諾華—BiMBA 人才發展專案」。該專案針對諾華中國公司內部所甄選出

的高潛力初階主管，進行為期 18 個月的系統性學習，透過十個模組的 MBA 標準化課程，幫助學員全面掌握各項管理功能別的商業知識，如財務、行銷、人力資源等，藉以拓展學員的管理知識。北大國家發展研究院是中國政府重要的經濟政策研究機構，在宏觀政策，特別是醫療保健產業的改革上具有權威的地位，這讓在此學習的學員非常受益。同時，研究院在 BiMBA 任課的教授都具備海外授課教學的背景，這也使學員獲得大量最新的全球化資訊。

其次，諾華中國大學也與瑞士洛桑國際管理學院合作，專門為參加過「諾華— BiMBA 人才發展計畫」及同時具有進一步發展的高潛力人才，設計了一個為期三年的訓練專案，稱之為「挑戰未來」。該專案透過九個模組，訓練學員瞭解諾華各個事業部業務運作成功的關鍵因素，以及檢視他們的個人自我領導力，逐步透過學習和個別學員間的相互輔導支援，再發展自身的領導力。最後，學員還要透過學習以提升國際化的管理技巧。瑞士洛桑國際管理學院在客製化的專案訓練中，則根據諾華中國業務特性和組織的狀況，特別是參訓學員的個人特點，設計出領導力與業務發展模式相結合的課程模組，這對於學員的快速成長發揮極大的效用。

諾華中國大學也與「中歐國際管理學院」（Sino-European International Management Institute）合作，設計一項「諾華管理之道」訓練專案。參加這一專案的多是功能部門的各級主管。針對這一群人未來的發展重點，中歐國際管理學院設計了一個為期兩年，由五個模組組成的整合性學習課程，聚焦於策略性思考與決策，以及組織領導

力。在這個訓練專案中，中歐國際管理學院發揮了它對於中國市場和本土企業深入理解的優勢，大量引進中國本土企業經營個案；同時，中歐的教授群非常樂於針對諾華中國自身業務模式設計個案，幫助學員探索企業運作的法則。中歐還透過與諾華的合作，協助學員組成不同的專案小組，並透過專案的執行讓學員在實踐中學習和成長，在獲取組織高階主管支援的同時，解決企業實際的問題。

針對負責諾華中國地區營運業務的高階主管，諾華中國大學也特別邀請哈佛大學商學院的著名教授專門為其量身定做「國際化領導者」課程。該課程每年只開一次，諾華中國所有的高階主管皆會被受邀參加。課程內容充分使用哈佛商學院「個案教學」的特色，針對諾華中國高階主管當下所面對的組織管理和營運業務問題，加以歸類整理，使所有參訓人員都能夠有機會從各種角度深入探討公司面臨的挑戰，並提出可能的解決方案。身為諾華全球的合作夥伴，哈佛商學院的教授對於諾華全球的發展策略，特別是中國市場的發展策略也已有清晰的認識，因此在這門課裡，教授們不僅能帶給參與學員嶄新的全球化經營視野，同時也不斷地激發他們對於諾華全球以及中國市場未來發展的深入思考。

在這種互利雙贏的合作中，諾華中國大學充分地利用了世界頂級大學商學院深厚的學術資源與宏觀的全球產業發展視野，協助高階管理者和高潛力的關鍵人才拓展其知識領域，吸收最新的市場訊息，建立全球化的經營觀念。而這些世界頂級大學商學院也透過和諾華的合作，提升了他們對整體產業環境更具體深入的理解，大量豐富了他們

的教學資源。

員工訓練 vs. 領導力發展

我們在本章開始特別說明諾華如何培養人才的作法，主要也是想特別釐清一件經常被混淆的事：在人才管理實務上，「教育訓練」與「領導力發展」是兩個截然不同的概念。教育訓練著重的是「員工當下工作能力的成長」，其目標是為強化及改善目前的工作績效。領導力發展的培育焦點則在於「未來領導潛能的開發與培養」，著重於個人「心理素質」（Mentality）的轉變。

在人才培育的內容方面，教育訓練較著重授予員工工作相關之理論知識與技能，但是領導力發展則是強調工作經驗的累積，因此比較傾向自「做中學」來提升領導能力與膽識。

在能力培養的型式上，教育訓練與績效制度連結，採強制參與的方式，甚至可能要求那些工作績效不彰或能力不足員工借由特定的訓練來提升其問題解決的能力。領導力發展則與組織的職涯與接班人管理制度連結，以當事人的個人意願為主，凡是通過評核的高潛力員工或是具有進一步發展潛力的主管，皆鼓勵其接受各種不同型式的領導力發展活動，以激發及提升其領導與管理之能力。（參見表 6.1）

通常企業組織會根據年度人評會的決議，針對組織中的高潛力員工、關鍵職位的接班人及關鍵專家的個人發展計畫來設計相關的領導與管理發展活動，或者是專業技術課程。除此之外，也會為其他主管設計一些課程，協助其進行多元能力的發展。

表 6.1　教育訓練與領導力發展之比較

	教育訓練	領導力發展
焦點	以目前工作能力的改善為主	以未來領導潛能的開發與提升為主
利用工作經驗程度	低，以知識與技術為主	高，以歷練來鍛鍊強化其心態
目標	為目前工作做準備，強調個人工作績效之改善	為個人職涯發展做準備，強調個人領導心態的強化與改變
是否強制參與	是，以組織目標為主	否，以個人意願為主

　　基本上，**經理人的領導與管理發展活動是企業組織訓練發展制度中的一環**，它不僅僅是協助公司內的經理人獲取更專業的管理知識、技能與經驗而已。根據管理學者博特（James F. Bolt）、麥格瑞（Michael McGrath）、杜沃茲（Mike Dulworth）的歸納整理，對經理人的領導力與管理能力培育發展，主要可以達成下述五個目的：

（1）與組織策略整合銜接

　　一般企業組織多採專業分工，讓功能部門各司其職。但這也易使多數主管採取本位主義，僅顧及自己所轄功能團隊的績效表現，而忽略了整體組織的績效表現，使組織中難免產生跨部門經營觀點上的衝突與資源分配上的問題。透過領導與管理發展，各功能部門及各階層主管可以進一步瞭解組織整體的經營目標與各單位在組織中的策略地位，有利協調整合組織不同經營觀點，統籌分配資源以利組織策略的達成。

（2）讓新任經理人能夠順利接班

領導與管理發展不僅對於主管就目前擔任職務所需的專業技能進行調整改善，同時也提供不同的機會，協助其對未來擔任更高層級的主管職務做準備。如此可以協助經理人在承續新的主管職務時，能夠具備所需的職能，順利接班。

（3）加速那些具潛力經理人之發展

對於企業中許多具潛力的經理人，組織可以透過領導與管理發展，一方面可加速其在管理才能上的發展，另一方面可以展現組織留才的誠意，增加這些高潛力的經理人繼續留任的意願，並提升其對企業服務的承諾。

（4）協助組織轉型

許多案例顯示，組織可以利用領導與管理發展的機會，凝聚組織中經理人的共識與意志，協助組織變革。曾經是美國最大的醫務管理顧問公司 First Consulting Group[1] 就是運用它「領導優先」（Leadership First）專案計畫中所設計的領導與管理發展活動，配合其組織變革，調整過去企業所重視的領導與管理才能架構，重新定義未來組織所需的領導與管理才能，有計畫的培育組織中的領導與管理人才。在短短數年間，組織經營績效因此而能倍數成長，達到組織發展與變革的目的。

---

[1] First Consulting Group 後於 2008 併入 Computer Sciences Corporation.

（5）清楚說明組織面臨的挑戰

組織可透過各種領導與管理發展活動，清楚地向經理人說明公司目前所面臨的問題與挑戰，及因應的策略與方法。經理人藉此對於組織所處的外在環境，有一個更清晰且共同的認知，同時組織所採取的策略與方法也因此而較易獲取經理人的認同以達成共識。

領導力的發展需要具挑戰性的活動

企業可以針對所設計的領導與管理職能模型，聚焦式地設計各種發展活動，提供企業經理人多樣化、不同型式、具挑戰性的發展經驗（參見圖 6.1），迫使其離開所謂的「發展舒適區」（Comfort Zone），進入「伸展區」（Stretch Zone），以激發其潛能，促使其改變舊的思維模式及接納發展新的工作態度。

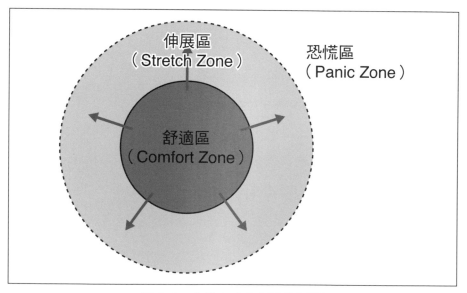

圖 6.1　企業人才的經驗發展區

一個組織提供給人才一系列具挑戰性的發展經驗應具備以下四個元素：

新穎（Novelty）：經驗可以是嶄新的，且具備高度的不確定性，致使經理人必須努力發展及運用一些新的想法與技能。譬如，「讓人力資源專業經理人擔任一項人力資源 e 化專案計畫的主持人」，這就會是當事人從未歷練過的管理經驗。

困難（Difficulty）：目標通常難以達成，致使經理人無法運用慣常的手法來解決問題，而必須承擔相當的風險，盡其所能開創新的想法與做法。譬如，「讓經理人中途去接手帶領一個人手及資源不足的團隊，完成一項幾乎是不可能達成的任務——像是新興市場開發計畫。」

充滿衝突（Full of Conflict）：這種經驗通常會讓經理人面對一些問題員工或一些觀念與其截然不同團隊成員，挑戰其個人想法，致使經理人不得不思考他人的觀點，甚而發展新的觀點來化解衝突。譬如，「讓經理人擔任公司對外窗口，負責協調公司與外部客戶間的爭執，但是公司卻要求他仍需維持住公司與客戶間的伙伴關係。」

艱辛（Hardship）：這種經驗過程中會充滿失落、挫折與失望，讓經理人能自失敗中激發出個人的意志力。針對所面臨的事務，尋求新的詮釋與理解。譬如，「讓經理人處理公司裡一些難纏的問題員工，在不資遣對方的前提下，解決其績效落差的問題。」

透過這些多樣化、不同型式的挑戰，都可以讓經理人尋求機會學習如何能不斷的妥協、承受壓力，以及測試自己執行不同策略與容納不同觀點的能力，同時發展及建立個人的自信。

在經理人從事發展活動的過程中，企業應提供輔助性的支持機制，提供經理人機會，建立其對個人的自信，並給予他們消化及建立新思維模式與技能的時間與空間。這種支持系統的來源可以是上司、同僚、家庭成員、朋友、外部教練及導師等。這些人主要是站在支持者這一邊，願意聆聽這些經理人在發展過程中掙扎的故事、協助確認及面對挑戰、建議因應策略、提供必要資源、適時從旁激勵與一起慶祝成功。假如沒有這些人的鼓勵與支持，縱然經理人有意願接受挑戰，也可能在心裡及心態上準備不足，無法承受一些龐大的壓力與挫折，最後往往會失去自信而不支倒地。

所以，在人才發展的過程中，最好能適時提供協助與支援，才有助於激發這些經理人的潛能，幫助他們持續地成長。

人才發展活動需多樣式之組合

經理人領導與管理職能的發展應透過多元的方法，大體上發展活動可以歸納為兩個主要型式：一是「**以知識為本**」的發展型式，另一則是「**以經驗為本**」的發展型式。

知識為本的發展型式，強調認知技能的教授，也就是授予「什麼」（What）及「如何」（How）相關的知識與技能。而經驗為本的發展型式，強調實作，在實作的過程中瞭解及發展「為何」（Why）及「何時」（When）的策略性思考能力。針對以知識為本的發展型式所涵蓋的方法，列舉及說明如下：

（1）企業內訓

企業可以運用內部或外部講師授予專業經理人必備的管理知識與技能，通常內部講師的運用主要是希望教授組織內部標竿的領導與管理做法，擴散運用至其他部門。而外部講師的運用主要是引進新的領導與管理知識與技能。

（2）主管管理學程

許多企業經理人會至大學或研究機構進入 EMBA 學程，修習一些領導與管理相關的課程，大多數的課程偏重理論知識，但可以透過個案研討，將理論知識與實務運用結合。

（3）引導式閱讀與個案研討

企業也可在組織內開辦讀書會與個案研討，邀請內部或外部各個領域專業人員協助專書導讀或個案解析，分享其領導與管理知識與經驗。

（4）課外活動及體驗式學習

有許多顧問公司提供一些團隊發展與管理的相關課程，透過團隊活動與競賽 （如集體尋寶、走鋼索……）讓參與者實際體驗及發展團隊領導與管理之技巧。

（5）數位學習（E-learning）

數位學習可以節省企業成本，不受地域與時間的限制，並促使自

我導向式學習的能力發展。數位學習可以提供企業經理人內容及品質一致的領導與管理知識。但對於較深入的領導與管理知識與技能，數位學習較不適合，但可運用「混成式學習」（Blended Learning），結合教室與數位學習，增加教學效果。

至於針對經驗為本的發展型式所涵蓋的方法可能有：

（1）結構式引導

對於接任新職務之經理人，企業可以運用已有相關領導與管理職經驗的經理人擔任導師，有計畫及有系統地給予這些經理人工作上的指導，引導其逐步瞭解組織各部門的文化、新職的工作內容與應扮演的工作角色。

（2）關係網路之建立

對於未來關鍵職位的接班人，組織也可協助其建立關係網路，能夠融入其所處專業社群。尤其是對於許多少數族群經理人，包括女性經理人或不同國籍及膚色的經理人，組織更應該透過制度設計，有系統地協助其建立關係網路，讓其覺得組織中無性別與種族歧視，而願意待下來與其他人一樣貢獻個人的專長。

（3）導師及教練

許多歐美企業已開始運用導師與教練制度，透過工作經驗的指導，協助經理人成長。這些導師與教練可能來自於內部或外部，都是

具備相關管理經驗的專業人士，同時接受過教導的專業訓練，知道何時及如何運用特殊技巧讓那些經理人能夠在彼此信任的情況下，進行經驗的傳承與自我提升。

（4）行動學習

「行動學習」（Action Learning）是一種團隊學習活動，是促進組織、團隊與個人發展的方法。這種方法強調以組織當前所面臨的問題與挑戰為學習的主要議題，讓參與其中的團隊成員基於問題解決及達成任務之需要，透過相互提問的討論方式，激發對問題解決方案的周密思考與創意，既能澄清問題，也能在過程中發現缺失，認清每一個人在團隊中所應承擔的任務；同時找到相互間支持的途徑，發揮整合的功能以達到解決問題、完成任務的目的。這種過程使得團隊成員透過問題處理的實際行為，進行對問題的思考、觀念與價值的反思，透過團隊合作，從而達到組織及個人發展的目的。

（5）工作輪調

工作輪調是組織中最常用以鍛鍊經理人的作法。經由不同部門間的輪調，一方面企業經理人可以藉機了解不同功能別員工的想法，同時也可以擴大個人的專業領域。工作輪調除了一般幕僚與功能單位管理職間、各部門管理職間的輪調外，也包括跨區域性的工作輪調，例如：外派至其他國家工作。外派擔任領導或管理職的工作，對許多經理人來說可以是一項極大的挑戰，不僅要具備不同的語言能力，同時

也要對派駐當地的法制、文化、宗教、民俗要有所瞭解，才能順利的完成任務。一般說來，成功的派外經驗並完成任務，不但可以增加經理人對個人能力的自信，同時組織也可以藉以考驗這些經理人是否具有更上一層樓的資格與條件。

　　實務上，組織可採用兩種模式，運用工作輪調協助主管發展。第一種模式稱之為「障礙模式」（Hurdel Model），就是尋求一些較為艱辛的工作職務，給予當事人一段時間的歷練，在克服困難的過程中能夠激發其成長發展。譬如，許多企業將經理人安排至陌生的管理環境任職以尋求機會歷練。另一種模式為「樞紐模式」（Gateway Model），就是輪調工作的內容可以擴展當事人領導與管理的視野，使其對於組織中的事物有更廣泛深入的了解。譬如，許多經理人被調至總經理室擔任幕僚的工作，透過一些公司內部專案工作的規劃與執行，與各部門主管經常溝通協調，以拓展其對於各部門業務職掌的了解。

（6）任務指派

　　企業也可以借助任務的指派來培養及考驗經理人的能力。例如一些充滿障礙及任務艱鉅的專案或是組織中發生的一些緊急事件，皆可以用來鍛鍊經理人危機應變及問題處理的能力。但是這些機會的運用，仍必須考量這樣的歷練過程，萬一仍無法解決問題，會不會傷及或危及企業的經營？否則一旦經理人無法順利地的解決問題或做好危機處理，而致破壞企業聲譽或造成鉅額損失，反而是得不償失。

　　有的時候，企業可以指派給經理人特定之工作，例如規劃特殊專案、帶領工作再造團隊、負責組織重組等。這些特定的工作內容多少具有挑戰性，包括特殊決策、危機處理、管理緊張關係、難解的問題等。這些工作指派通常充滿不確定性，組織會給予經理人較多的職權或機會，讓其充分展現個人專長與能力。

　　國內許多企業在進行主管訓練的時候，多傾向知識型的訓練課程，且訓練的時程過短。譬如，一家企業想要強化其中階主管溝通協調的能力，人資單位就會安排一次三小時的企業內訓課程「如何做好跨部門的溝通？」，邀請業界知名的外部講師來授課，這樣就算完成一次主管的訓練活動。但是，我們要問「這樣的訓練有效嗎？」，通常答案是否定的。

　　美國「創新領導中心」（Center for Creative Leadership）的兩位學者倫巴多（Michael M. Lombardo）和埃根哲（Robert W. Eichinger）經過多年的研究後指出，任何一項有效率的領導或管理職能發展活動，最好是由 70 % 的工作經驗及問題解決活動，20% 的工作指導，及 10% 教室學習或閱讀活動之組合。表 6.2 說明了這種「70/20/10」經理人發展活動內容。同時，一項職能發展活動最好能持續一年或一年以上，如此當事人才能有效地提升其職能。美國的戴爾電腦公司就將這個法則，深入地運用在該公司主管人員的培育上面，而美國有許多企業也採行這種方式來訓練發展其經理人。

　　表 6.3 是一些先進歐美企業在培育主管領導與管理職能時，經常運用的多樣化培育方式。我們可由表 6.3 中得知，**「人際及領導技能**

的發展」相對來講比較容易，而「個人特質的轉變」則比較困難。這也說明了組織在遴選領導與管理人才的時候，有必要針對個人特質面做更周延的考量，因為這個部分日後再透過發展而改變的機會較小。

表 6.2　70/20/10 經理人發展活動

教育 （Education）	工作指導與回饋 （Mentoring & Feedback）	工作經驗 （Experience）
內／外訓課程	主管工作指導	工作範圍擴大
工作坊／會議	績效評核回饋	工作內容的改變
學校教育	360 度回饋	參與或領導專案計畫
數位學習	導師（mentoring）	額外工作之指派
自我學習	教練（coaching）	參與特定任務團隊
10%	20%	工作上增加決策範圍
		增加與高階主管互動機會
		參與專業社群
		負責引領或指導他人
		70%

表 6.3　多樣化領導／管理職能培育方式

面向	領導／管理職能	發展容易度 （量尺 1-5，1 = 非常困難發展 … 5 = 相對容易發展）	發展方式
人際技能	溝通協調	5	知識技能傳授／經驗指導
	多元文化之人際互動能力	4	工作指派／經驗指導
	客戶導向	4	工作指派／經驗中學習
	發展策略關係	5	工作指派／經驗中學習
	說服力	4	工作指派／經驗中學習

面向	領導／管理職能	發展容易度 （量尺 1-5, 1 ＝ 非常困難發展 … 5 ＝ 相對容易發展）	發展方式
領導技能	建構組織人才	5	知識技能傳授／工作任務指導或教學／經驗中學習
	變革領導	3	知識技能傳授／工作任務指導／經驗中學習
	培育部屬	4	工作任務指導或教學／經驗中學習
	授權	5	工作任務指導或教學／經驗中學習
	願景領導	4	工作任務指導或教學／經驗中學習
	團隊發展	5	工作任務指導或教學／經驗中學習
經營管理技能	商業經營之敏銳度	4	工作任務指導或教學
	創業家精神	2	工作任務指導／經驗中學習
	建立策略方向	3	工作任務指導或教學
	全球化之智能	4	工作任務指導／經驗中學習
	工作管理能力	4	工作任務指導或教學／經驗中學習
	資源配置能力	4	工作任務指導／經驗中學習
	營運決策能力	3	工作任務指導或教學／經驗中學習
	成效導向	3	工作任務指導
個人特質	個人洞察力	2	工作任務指導
	調適能力	2	工作任務／經驗中學習
	精力充沛	1	工作任務／經驗中學習
	執行導向	2	工作任務指導
	持續學習	2	工作任務／經驗中學習
	正向特質	1	工作任務指導／經驗中學習
	正確解讀環境	2	工作任務／經驗中學習

美商安捷倫的多元型式人才發展活動

安捷倫（Agilent）科技公司是由美國惠普公司策略重組而成立的一家高科技跨國企業，也是一家全球首屈一指、專注於測量技術的企業。1999 年 11 月 18 日正式在紐約股票交易所掛牌上市，公司總部設在美國加州的帕羅阿托市（Palo Alto）。安捷倫台灣曾在 2001 年 9 月份《天下雜誌》「人力資產指標調查」（People Asset Index, PAI）中的「吸引人才」及「留才能力」項目榮獲第一名，「提升人才素質的能力」與「激發員工投入工作的能力」項目也是第一名，在「鼓勵員工創新及應變的能力」獲得第二名；同年亦榮獲《天下雜誌》票選為「標竿企業：資訊服務業」的第三名。

安捷倫台灣也曾榮獲由翰威特公司（Hewitt Associates）與《CHEERS》雜誌所共同舉辦的「台灣最佳企業雇主」第一名，這是一家非常重視人才培養的傑出企業。

根據台灣地區及大陸地區有關安捷倫公司的調查訪談資料顯示，該公司對於領導與管理人才的培育不遺餘力，也運用許多不同型式的活動來發展公司的高潛力人才。這些方法包括：

線上學習

該公司設有許多線上課程，提供給各級主管學習有關領導與管理方面的理論知識，主管可以因應個人需要，隨時上線學習。另外，公司每個月透過網路舉辦「全球領導力論壇」（Leadership Forum），

遍佈在全球各地的主管都可以加入與受邀的知名主持人互動，學習有關領導與管理方面的知識與觀念。另外，由於公司許多部門在管理上都是採跨國界網狀管理的方式，因此，員工具備國際觀是必要的。所以公司設置了一個名叫「GlobeSmart」的內部網站，上面介紹了許多國家的文化、語言、風俗、和商業環境，幫助員工開拓視野，使其與其它國家的同事及客戶可以有更良好的互動。

教練與導師制度

公司設有教練制度，安排外部或內部教練（多由公司高階主管擔任），針對公司內高潛力人才，採一對一的方式，協助其發展。除了外部教練，安捷倫還為每一個高潛力人才，在公司內物色「職涯導師」，進行一對一交流與培訓輔導。讓這些人在主管以外，也有機會與其他資深的同仁學習、分享自己的工作心情或壓力。

主管課程

主管的課程，多數的做法是與外部顧問公司合作，由公司派內部溝師出去接受訓練，並將所學課程帶回公司，進行內部教授課程的安排，因為公司非常強調課程的一致性，因此，內部的課程多由這樣的人才至各國進行課程教學。透過「教中學」（Learning by Teaching），讓這些人才能夠深化個人的知識技能。因為資源有限，所以外部配合的顧問公司，會選擇較具知名度且有口碑的公司。

工作輪調

任何員工都可以申請工作輪調而不必知會直屬上司。安捷倫公司內部如果有了職位空缺，通常會對全公司員工開放申請，面試小組會給每一個申請者面試的機會。面試者不用知會自己的上級，如果面試不成功、返回原職位時也不必擔心，這樣做反而會讓當事人的直屬上管必須反思自己要如何留住部門內的人才。此外，安捷倫有個不成文的規定，員工在職五年左右須進行職位輪調一次，以避免職業倦怠影響工作效率。

接班梯隊的建立

安捷倫公司內部每個重要職位都有繼任候選人，**接班梯隊的建立就是培養有發展前景的員工或主管為重要職位的繼任者**，而且每個重要職位要求至少要有兩個繼任候選人。該公司所有高階主管和一線主管的個人績效中有一項重要指標，就是所屬單位各個重要職位接班梯隊是否建立完整，這使得各級主管在培養自己的接班人的時候不會「留一手」，也可降低公司內重要職位開缺的風險。

安捷倫公司每隔一段時間，皆會推動一項領導與管理的發展專案，與外部知名的顧問公司合作，協助提升各級主管的領導與管理能力。最值得一提的是安捷倫公司的「高階主管績效速成計畫」（Accelerated Performance for Executives program，簡稱 APEX），創建於 2000 年。該計畫是與一家外部的 A4SL Coaching and Consulting 公司簽約，透過其與全球將近 60 位通過資格認證的「高

階主管教練」（Executive Coach）合作進行。

安捷倫在與這些教練合作的合約中，明訂每一回合教練活動需具有一定程度的成效才付費。至於「是否有成效」的判斷，不是由當事人決定，而是當事人工作上的關係人（包括直屬主管、同僚或是下屬）決定。該計畫主要針對安捷倫全球 750 多位高階主管提供各種形式的「教練活動」（Coaching Program），由當事人就 360 度領導力評核的結果，根據個人需求選擇其所需要的教練活動，主要以下面五種方式進行：

- **基礎營（Base Camp）**：屬入門級項目，一次二至四小時的面對面教練課程。教練會針對一項特定的領導能力給予建議，協助其制定個人發展計畫，並且提供相關發展資源。

- **二級營（Camp 2）**：針對一項特定的領導能力，提供六個月的面對面及電話教練課程及一次事後的小型個人領導力調查。教練會針對調查的結果，與當事人的直屬主管或相關的工作關係人討論，以鞭策當事人完成教練課程所給予的任務作業。。

- **三級營（Camp 3）**：針對一項特定的領導能力，提供六個月的面對面及電話教練課程、一次事後的小型個人領導力調查及書面形式的個人發展成效報告。在活動的進行過程中，教練與直屬主管或相關的工作關係人進行 12 次的定期討論，以鞭策當事人完成教練課程所給予的任務作業。

- **高級營（High Camp）**：針對一項特定的領導能力，提供一年期的面對面及電話教練課程及兩次小型的領導力調查。教練會

針對調查的結果，與直屬主管或相關的工作關係人討論，以鞭策當事人完成教練課程所給予的任務作業。

- **高峰營（Summit）**：針對一項特定的領導能力，提供一年期的面對面及電話教練課程及兩次小型的領導力調查。在活動的進行過程中，直屬主管或相關的工作關係人進行 12 次的定期討論，以鞭策當事人完成教練課程所給予的任務作業。

所有主管必須要接受基礎營的教練活動，爾後可根據自身發展需求，進一步選擇其他四種教練發展活動。安捷倫公司的高階主管績效速成計畫執行後的一年，有將近 95％的高階主管給予肯定，當事人也發現其個人特定的領導能力有顯著的改善與發展，是一個相當成功的主管發展專案計畫。

2006 年起，安捷倫公司推動「全球創新」（Global Novations）專案，其中將以往高階主管發展計畫延伸推廣至各階主管及高潛力員工之發展，稱之為「下一代領導發展計畫」，同時與公司主管職之職涯發展制度相結合。該公司主管職之職涯發展分成四個階段，並稱之為「四階段貢獻模式」：

- **貢獻者階段**（Dependent Contributor Stage）；
- **獨立貢獻者階段**（Independent Contributor Stage）；
- **透過他人貢獻者階段**（Contributes Through Others Stage）；
- **策略領導者階段**（Strategic Leadership Roles Stage）。

　　為因應各階段領導力之發展，公司方面特別針對各發展階段，客製化其專屬的領導職能模型，以做為領導發展活動之依據。其中前三階段的發展活動，在安捷倫以「LEAD」計畫為主，而第四階段的發展活動，稱之為「AIM計畫」。

　　不論是LEAD或是AIM計畫，每年的發展活動進行的模式皆非常類似。首先，依據領導職能模型，針對各階主管必須具備的領導力進行360度的調查，從中檢視並診斷出各個主管人員的發展需求，再接著進行教練課程活動。

　　教練課程活動主要委由外部顧問公司AON Consulting協助進行，採一對一的教練方式。教練針對個別主管給予360度調查結果之回饋，針對調查結果所出現的領導力落差，協助制訂個人發展計畫並協助督促其在一定的時程內之執行完畢。在過程中，教練定期地與當事人之直屬主管或其他工作關係人檢視當事人的發展狀況，以求其朝正確的方向發展。教練課程結束後，再進行一次事後的測量，了解當事人之領導力是否有明顯的改善。

　　經過主管單位這幾年確實地執行「下一代領導發展計畫」後，使得該計畫密切的與企業發展策略結合，協助公司成功地達成競爭發展的目的，也因此使安捷倫的主管領導人才發展經驗成為業界的典範。

Chapter **7**

鑑識企業領導力的
人才評鑑

有人認為對於完美細節的執著是很傻
的，但我卻不這樣看。

——美國前加州大學洛杉磯分校（UCLA）籃球隊教練伍登（John
Wooden，他曾率隊奪下十次全美大學籃球〔NCAA〕冠軍）

　　人才評鑑的範圍非常大，不僅包括新進人員的甄選、員工專業能力的評核以確認年度訓練需求，同時也包括組織內部各級主管領導與管理才能的診斷。我們在這章的內容主要聚焦在後者。

　　在組織拔擢員工成為儲備主管前，或者想要深入瞭解現任主管是否適任，最好能夠針對這群人進行領導與管理能力的診斷，以確定現任及未來的主管是否具備足夠的領導與管理能力，來承擔組織的任務，確保團隊績效的達成。

　　當然，高階主管的接班人選，也必須接受領導力評鑑，據以判斷其未來接任組織領導者的適任性。總而言之，組織各級主管的選取當然必須謹慎，也要重視細節，才不會造成日後發現不適任，最後尾大不掉，難以收拾，造成組織發展的滯礙。因此，「科學化與系統化的人才評鑑」在整個人才管理的過程中絕對不能少。

　　實務上，許多標竿組織內部的領導力評鑑會以兩個向度來進行考量及診斷，一是主管目前及過去展現領導力的成效，這通常以其個人績效為考量；另一個考量就是其個人未來領導力發展的潛能，也就是「領導職能」（Leadership Competence）評核的結果。這兩項評鑑資訊通常會以「九宮格」的型式呈現。以全球標竿企業 GE 為例，該企業領導力評鑑結果，是以九宮格將人才區分為不同的類別，如圖 7.1 所示。其中，位居「楷模」及「優秀」位置者，也就是績效及領導職能表現皆很出眾，就是公司所要進一步提攜的領導人才。其他位於「穩定貢獻」及「需要改進」位置的人才，公司皆會透過各種激勵與發展的手段來促使、提升其領導力的成長。

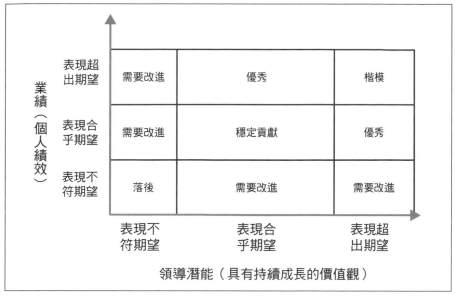

圖 7.1　人才評鑑九宮格

績效：現在與過去能力的展現

「績效」是主管個人目前與過去在工作上的表現，也是個人以往領導力展現的成效，多少能夠預知其個人未來對於組織或團隊領導能否展現正向績效的機率。通常，組織會以歷年來當事人所領導團隊表現的成效，做為個人領導力評鑑的一個指標。但是僅是看過去的績效來判斷個人未來的領導力也可能有失誤，我們經常發現有些人擔任基層主管時非常稱職，但一旦晉升至中階主管卻無法勝任，績效難以彰顯，主要的原因是其個人領導力的發展遇到瓶頸，可能因為個人特質與學習能力等諸多因素阻礙，一直無法提升。這時候，我們就需要判斷個人領導力在未來可能的發展潛力。

潛能：未來的發展性

「個人領導力是否具有發展潛力」主要是評鑑其是否具有某項領導職能。關於職能的概念，本書前面幾個章節皆已述及。領導職能的評鑑分為兩個部分，分別要診斷主管個人「冰山上的能力」（例如管理知識及外顯可觀察到之領導行為）及「冰山下的能力」（例如領導特質、動機及心態）。圖 7.2 說明了領導職能的評鑑需要透過多元的方式。在冰山上的知識與技能可以透過管理個案分析、情境模擬測驗與 360 度領導行為評鑑來檢視。冰山下的個人特質、價值觀及態度則需透過 360 度領導行為評鑑、人格特質量表及艱鉅的工作任務來觀察。

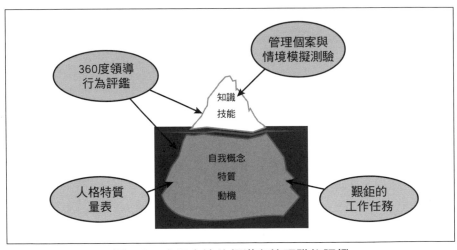

圖 7.2 多元方法的領導與管理職能評鑑

管理知識評鑑

就管理知識方面，一位勝任的主管必須具備組織各功能面的基本管理知識，包括行銷、生產、供應鏈、財務、人資及資訊管理等。有

些企業特別在員工晉升至特定層級的主管時，要求其必須通過公司內各種管理制度及規章方面的測驗，旨在確認主管能夠熟稔公司內部各項管理活動必須遵守的規範及流程作業上的要求，也可以據之診斷員工是否對於各種管理活動具備一定程度的專業知識。

管理知識是否足夠的基礎也與領導職能是否能充份展現有極大的關係，這一系列的條件包括了：「問題解決」（Problem-solving）、「決策」（Decision-making）、「策略思考與規劃」（Strategic Thinking and Planning）、「組織管理」（Organizational Management）及「經營的敏銳度」（Business Acumen）等領導與管理職能的展現，這類能力的背後皆需要一定程度的管理知識來支撐。至於如何評量管理知識，通常以「受評人能否成功運用所具備的管理知識」為評鑑關注的焦點，因此實務上以問題導向的評鑑活動為主，會包括個案分析與問題解決、模擬的商業經營遊戲活動等。

筆者曾與台灣一家管理顧問公司合作，針對上海市閔行區一家國營軟體系統開發公司的高階主管群，進行一項領導職能方面的診斷專案。期間，我們就運用了一套啤酒經營遊戲軟體系統，要求參與活動的高階主管分組扮演 CEO 的角色，負責一家啤酒工廠的經營管理，並請他們閱讀各式銷售及財務報表及競爭者資訊，以決定各式啤酒的銷售價格及國內與國外的計畫銷售量。從這個活動中，就可以明顯區辨參加者的策略思考、經營敏銳度、決策及問題解決的能力。**管理知識的展現不僅可以據以判斷一個領導者其當下的領導能力，更可以預知其未來的領導能力是否能夠有效地發揮。**

360 度領導行為評鑑及回饋

除了管理知識的評鑑外，外顯可觀察到的領導行為可以透過「360度管理行為的評鑑」觀察。這種行為評鑑不但可以瞭解受評人目前已展現的領導力，也可以推測他未來的領導潛能，也就是冰山下的領導職能。

360度評鑑活動的「評鑑人」（Rater）可以包括「受評人」的自身、上司、下屬、同僚及客戶，靠著這種多面向的評鑑，可以客觀瞭解受評人平日在工作上所展現的領導行為。在進行評鑑時，必須先要確認這些評鑑人是否與受評人有密切的工作關係，或經常與受評人在工作上有所接觸，有機會觀察到受評人平日所展現的領導行為。經由這群評鑑人所評出的分數，可以實際地反映受評者所展現的領導行為被接受及認可的程度，也可以從其中發現受評人的領導行為的缺陷。

360度領導行為評鑑結果，主要以「他評分數」為主，受評人「自評」的分數僅供參照。該評鑑方法如果實施得當，所產生的資訊十分豐富且有價值，對於個人及組織皆有多方面的用途，可以藉此深入瞭解領導者現階段的領導能力的展現及其對於組織發展的影響。我們以圖 7.3 顯示 360 度評鑑結果可能會呈現資訊的範例。這些資訊在個人方面的用途可包括：

- **受評人個人可以比較工作周遭的夥伴，包括上司、同僚、部屬對於其個人領導行為知覺上的差異**。由於每個人對於行為觀察後的解讀不盡相同，這樣的差異可以讓受評人瞭解個人領導行為對於不同的人所造成的印象及影響。

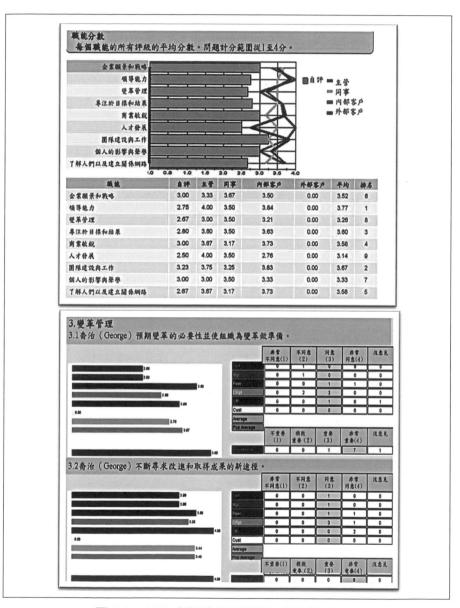

圖 7.3　360 度領導職能評鑑個人報表示例圖

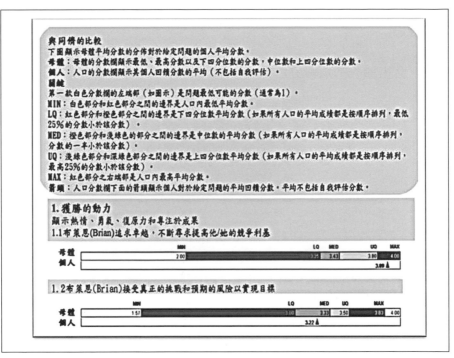

圖7.3　360度領導職能評鑑個人報表示例圖（續）

- 可以比較受評人與其他人對於個人領導力的評價，其有助於受評人開展對於個人領導力的「自我覺察」（Self-awareness）。大部分領導者皆具有強烈的「自我」（Ego），對於個人的「自我理解」（Self-understanding）經常遭到蒙蔽，無法正確評估個人的領導行為對於他人所產生的影響與他人對於個人領導行為的評價。透過這項比較可以讓受評人可以瞭解他人對於個人領導行為與自我評價間的落差，產生自覺，得以激發個人改變與發展的動力。

- 可以瞭解受評人個人的領導力被組織接受的程度。通常，360

度評鑑系統會讓人資單位設定各個領導行為在組織所認定的得分標準。事後評鑑的分析報表會顯示，個人的評鑑得分是否符合組織先前所設立的標準。如此，受評人可以藉著分數的比較以瞭解個人所展現的領導行為是否為組織所接受？是否符合組織對於領導職能所設立的標準？其結果有助於受評人瞭解個人領導力的優劣勢。

● **可以讓受評人瞭解個人領導力的表現在同儕群中所處理的位置**。360 度評鑑系統不但會以絕對分數的結果顯示受評人的領導力評鑑結果是否符合組織的期望，而且會以統計中相對位置分數的概念來顯示受評人的領導力評鑑結果在同儕群中的位置。這個分數比較的意義主要是讓受評人瞭解個人的表現是落在同儕群中的前端？還是後端？這有助於讓受評人瞭解個人領導力展現的比較利基，以及激發他個人後續領導行為的持續展現或調整改變。

至於，彙整所有受評人評鑑結果所產生的團體報表對組織的用途則包括：

● **可以瞭解受評人之領導行為與個人績效間的關係**。年度各級主管評鑑的資料可與其個人的績效分數進行關聯性分析，藉此可以瞭解那些領導行為相對地較能影響績效的展現。組織可強調各級主管在該領導職能上的發展。

● **可以協助組織規劃管理及領導發展活動**。組織可以將各級主管

評鑑結果的資料進行彙整分析，找出各級主管位居優勢的領導行為及居於劣勢的領導行為。公司可以針對這些劣勢領導行為進行後續的改善及發展活動。

● **可以做為各級主管接班就緒度分析的依據**。在進行各級主管接班規劃的時候，會針對各個繼任人選進行「就緒度分析」，以判斷其是否有足夠的能力接任，而繼任人選的領導力就是一個重要的考量點。許多領導理論指出，「領導力就是領導者與其部屬及同僚間存在的一種關係」，部屬是否擁戴其主管，組織內其他的人是否信任當事人，可以推斷其將來能否勝任領導職務，因此360度領導行為評鑑資料可用以判斷各級主管接班就緒程度的一個重要參考依據。

領導特質診斷

比較神秘難測的「冰山下領導職能」，會包括一個人的特質、價值觀及心態等，這必須由相關的測驗工具來探知。

關於領導特質的診斷，通常在實務界會使用「人格特質量表」。在此必須先特別說明，「人格特質無所謂優與劣之分」，所以在量表上所顯示的分數，僅是「傾向程度」之別，例如呈現一個人才較傾向於外向性格或是較傾向於內向性格。不同於領導行為的評鑑（僅能就受評人過去與現階段所展現的領導力進行診斷），「領導特質」本身是一個持久的心理狀態，而領導特質的評鑑是可以預測受評人在未來可能展現的各種形式領導力。

究竟，什麼樣的領導特質量表能夠適用於個別特定的企業呢？這可以自兩個層面考量，第一個層面就是要瞭解量表所要測量的各式領導人格特質是不是公司所重視的。人資單位必須要明辨量表所要測量的人格特質是否能具體反映組織所訂定的領導職能項目。

舉例來說，具備傑出策略思考能力的主管其個人特質就可能須具備「審慎勤勉」（Conscientious）的特質；具備創新求勝領導能力的主管其個人特質就可能須具備「開放心智」（Open to New Experience）的特質。

第二層面要考量的是量表是否具備周延的理論架構，並充分涵蓋所欲測量人格特質的各個向度。如果測驗沒有相當的理論基礎，我們便無法確認其測驗題項設計的依據，從而也無法得知它是否能周延且全面地涵蓋所有人格特質的向度，因此可能有些重要的人格特質被忽略掉而沒有測量到，導致日後的誤判，造成組織內部領導人才的損失。所以在使用量表時，必須要深入地研究量表背後所依據的理論基礎。

目前在市面上已有許多使用已久，受到廣泛認可的領導力特質量表，包括 MBTI、DISC、Hogan、LIFO、Big Five 等，這些標準化量表都具備了以下幾個條件：

- 量表設計的理論架構；
- 清楚的施測程序與計分機制；
- 具備信度；
- 具備效度；
- 提供不同的常模，可供評鑑結果的比較與解讀；

● 評鑑結果的說明。

以目前最為廣泛使用的「MBTI 測驗」為例，該測驗已經被翻譯成近 20 種世界主要語言，每年的使用者多達 200 多萬人。據統計，世界前 100 大公司中已有 89％引進了 MBTI，用於一般員工和主管的自我發展，以提升組織績效。該測驗是一個自陳式量表，用以衡量和描述人們在獲取資訊、做出決策、看待生活等心理活動上的個人特質和人格類型，它總計有 16 個各種不同人格的組合類型用以解釋個人的人格傾向。

世界知名的美國西南航空公司就曾運用 MBTI 測驗在員工發展和團隊建立上。該公司非常鼓勵所屬員工能夠創新、交流、相互理解與關注，並儘量發揮個人的積極主動性。公司中的員工及領導力發展部門（People and Leadership Development Department）主要負責公司內部的人力資源發展。為引導主管及員工個人持續地發展，MBTI 測驗在西南航空公司內部受到廣泛地應用，每一位員工皆會接受施測。施測結果不僅用以協助引導員工更深入地探索自我，而且要求各級主管運用個別員工施測後的資訊瞭解人際間的差異，以協助各級主管有效領導。MBTI 測驗就對該公司提升團隊效能帶來很大的幫助。

領導心理素質的評量

除了管理知識運用的能力、領導行為與特質外，領導者個人的「心理素質」（Leadership Mentality）也是需要評量的。

心理素質一詞可以反映個人的價值觀、信念與心理狀態。要檢視一個人是否具有優於常人的心理素質強度，主要是在極端不同於尋常的情況下，來觀察當事人的作為與反應。當然，一個人的心理素質強度也是由於其長時間處在極端不同於尋常的情況下淬鍊發展出來的。一位組織領導人是否具有強烈的意志去實踐個人的抱負與執行組織所賦予的任務，端視其個人所具備的領導心理素質的強度而定。

我們可以拿美國職業籃球 NBA 為例。在 NBA 歷史上一些奪取年度冠軍的球隊，無疑的在這些球隊中都有一位出色的球員，帶領球隊在漫長的季候賽中勝出，像近代一些知名的球星包括：Tim Duncan、Kobe Bryant、Lebron James 及 Dirk Nowitzki 等。在球隊需要他們跳出來解圍的時候，他們都能呈現出有別於其他球員所沒有的個人定力與能力，不僅是需要在關鍵時刻投出最後一顆絕殺球，要不然就是在比分落後的情況下，能夠衝出重圍殺出一條生路。這種在極端不同於尋常的情況下所展現的過人的意志力，就是一位領導者所需具備的領導心理素質強度。這類心理素質強度的研究起源於正向心理學。

正向心理學（Positive Psychology）是近年來心理學發展的新趨勢，又稱為正面思考、或積極思考。正向心理是指人們遇到挑戰或挫折時，會產生解決問題，並不斷的嘗試改變思路，強化正向力量迎接挑戰的企圖心。所謂正向心理，其概念如下：

- **正向心理是一種信念**：正向心理不是為了要爭取名利或是權力，而是一種信念來克服挫敗，並完成生命中具有特殊意義的價值觀。

- **正向心理是往好的方面想**：凡事往好的方面想，利用正向心理來探索原來被認為不是有利的事情，例如最親愛的骨肉死亡時，也不需怨天尤人，而要有「發生在自己身上的都是良機」的想法。

- **正向心理是相信自己具有潛能**：天下終究沒有克服不了的困難，了解積極正向心理的驚人力量，就再也沒有什麼值得害怕的事了。能夠克服艱難困苦的人，之所以被認為很堅強，是因為他們親身感受到如何將潛能激發出來的秘訣，並且相信不論身處何處，只要相信自己，就能產生強大的力量。

- **正向心理是維持正確的心態**：正確的心態是由正面的特徵所組成的。比如信心、誠實、希望、樂觀、勇氣、進取、慷慨、容忍、機智、誠懇與豐富的常識等，這些都是正面的。

- **正向心理是對自己傳送好的訊息**：真正成功的人是那些已學會勇敢面對人生挑戰，且能將逆境中求勝的經驗傳送給自己的人。

- **正向心理是運用長處與美德**：正向的感覺來自長處與美德，當用到我們的長處及美德時，良好的感覺會產生。美國心理學家賽里格曼（Martin Seligman）歸納整個世界橫跨三千年的各種不同文化傳統，發現正向心理都不脫離下面六種美德：智慧與知識、勇氣、人道與愛、正義、修養及心靈的超越。

正向心理的評量最重要的指標即是個人「復原力」（Resilience）的展現，也就是在「一個人面對挫折、失敗、創傷及逆境的時候，心理狀態能否恢復或維持至常態的能力」。它也是指一個人具有某種特

質或能力，能使他處於危機或壓力情境下時，可免於長期置身高危險、慢性壓力或嚴重創傷的影響，並使個人發展出健康的因應策略而成功適應、展現出正向功能或能力。通常，具有高度復原力的人，多少會展現以下一些行為：

- 具有幽默感，並對事情能從不同角度看待；
- 雖置身挫折與壓力的情境，卻能將自我與情境作適度分離；
- 能自我認同，表現出獨立與控制環境的能力；
- 對自我和生活具有目的性和未來導向的特質；
- 具向逆境／壓力挑戰的能力與企圖心；
- 有良好的社會適應技巧；
- 較少強調個人的不幸、挫折、無價值或無力感。

組織可以根據上述行為展現的頻率及強度，來評鑑受評人具備復原力的程度。另外，組織如果要培養領導人發展一定程度的復原力，最佳的方式是賦與其艱鉅的工作任務，利用一些包括專案計畫經理、短期的外派任務、部門間協調溝通的代表或組織對外發言人等職務，讓其來擔負這些角色，並安排教練在旁給予支持指導，來協助這些當事人歷練、發展正向心理及高度復原力的心理素質。

千萬不要忽視負向領導力

前面所敘述的都是正面領導力的評鑑，可是有許多事實顯現，**組織的衰敗除了領導人缺乏正面的領導力外，也可能受制於當事人個人**

的負面領導力。通常具備這種負向領導行為或特質的組織領導人，皆會對組織帶來破壞。

因此，有愈來愈多的學者開始試圖探討負面及對組織發展有害的領導行為與特質，其研究結果可以做為甄選與培育未來具有潛力領導者上的參考，以協助組織避免花費大量的努力，卻無法培養出有效率的領導者，因其本身已擁有先天的或是根深蒂固的負面領導特質。

事實上，許多實務中的證據顯示，具備這些負向特質的領導者，很難運用後天的發展活動來加以改變。

「有毒害的領導力」（Toxic Leadership）是美國已過世的管理學人葳克（Marcia Whicker）於 1996 年所提出的概念。葳克在著作指出，具有毒害的領導力的組織領導者個人經常呈現出異於常人的個人特質和具破壞性的行為，對部屬及組織造成相當嚴重和持久的傷害。在組織中這些領導者為了擴張個人利益，會不擇手段或毫無羞恥心地摧毀他們的組織。

舉例來說，他們會將組織資產視為私人的金庫，私自挪用；為爭取名義和保有權力，不惜犧牲部屬與同僚權益；運用民粹主義的言論或謾罵進行階級鬥爭；運用誇大和虛假的資訊，意圖將其視為可靠的情資，用以扭曲誤導部屬及同僚的想法，形成錯誤的決策。研究指出，有毒害的領導力可分析歸類為以下幾個不同的類型：

- 無能的（Incompetent）：領導者缺乏足夠的意志或技能（或兩者），以維持有效的行動。對於重要的挑戰，他們並沒有足夠的動機與能量積極地改變現狀。

- 剛愎自用的（Rigid）：領導者的領導思維及風格一成不變，硬梆梆的。這類型領導者無法或不願適應新思路、新訊息，或更改其行事作風。

- 情緒不穩的（Intemperate）：領導者缺乏自我控制的能力。其部屬與同僚無法預測其思路及行為，致使部屬人心惶惶，無所適從。

- 無情的（Callous）：領導者對部屬或組織其他成員漠不關心或不友善，忽視其需求、期望和意願，無法與他人共事共榮。

- 迂腐的（Corrupt）：領導者將自身利益置於公共利益之上，經常對組織成員撒謊，欺騙或竊取組織財物。

- 心胸狹隘的（Insular）：領導者僅顧及個人成就，漠視部屬的健康和福利，不給予部屬機會或不運用機會成就其部屬，極盡壓榨之能事。

- 邪惡的（Evil）：領導者對其部屬犯下暴行，對部屬進行脅迫使其痛苦，造成其對部屬身體與心理的危害。

　　許多研究領導與管理發展的學者建議應廣為宣導有毒害領導力的概念，讓大眾能夠理解與認同，並希望防止不良事件的發生。一些研究也發現，某些人格特質對於成為「有效的領導者」（Effective Leaders），確實有妨礙作用，這些人格特質包括「特立獨行」（Loner）、「反社會的」（Asocial）、「陰沉而不開放的」（Non-explicit）、「難以合作的」（Non-cooperative）、「易被激怒的」

（Irritable）、「自我中心的」（Egocentric）、「冷酷無情的」（Ruthless）、「專斷獨裁的」（Dictatorial）。

坊間業已開發出一些評量工具來協助組織判斷出那些確實不具領導者應有的特質或是具備了一些有毒害的領導特質者，例如美國 Hogan Assessments Inc. 就開發出的一系列評量系統《Hogan Development Survey》，協助組織篩選出那些不適合擔任領導人的特質，可使組織免於花費一大筆的資源，去成就發展一些未來會危害組織發展之主管。

台灣企業全球化運營應重視的領導力

企業全球化已為當前台資企業不可迴避的議題。截至今日，已有許多台資企業積極地向海外拓展版圖。面對企業全球化充滿競爭且瞬息萬變的商業環境，組織領導人所擔負的職責勢必日益複雜與艱難。基於此，**企業全球化的結果對於台灣本土企業領導職能的要求，有許多內容勢必與傳統僅強調本土市場發展的企業領導職能有所差異**，我個人以為，有三項領導職能是過去台資企業領導者比較忽略，同時這也是傳統的台灣經理人教育與企業組織文化難以孕育出的領導能力，但是在企業全球化經營的過程中，必須要強調的。尤其是在進行領導力評鑑的時候，可以納入考量。

第一就是**跨文化領導與社交的能力**。企業全球化的結果，組織經理人的格局與視野，已再不能僅僅局限於本地市場。非但合作的對象與旗下的員工很可能來自於不同的國籍，就連被公司外派到國外工作，

與其他來自不同國家文化的員工共事機會也大為提高。企業經理人應對跨文化的議題給予更多、更深入的關注，無論在工作方式、溝通技巧與管理風格上，都必須更多元，同時能因地制宜，並顧及不同文化背景的細微差異。另外，組織領導者必須具備絕佳的學習力與適應力，一方面包容與尊重文化差異，另一方面則是設法將文化衝突降至最低。

第二就是企業領導人應更需具備**承擔風險與責任的膽識**。傳統東方文化與教育環境所培育出的工作價值觀習於平和穩定的工作環境，通常對於不確定與任務模糊的工作環境較難以適應。尤其是以家族為中心的中小型企業，許多行事指令來自於組織中的最高領導人，各級主管不願承擔風險及責任。但是在全球化的經營環境中，處處充滿不確定與模糊性，處處隱藏著危機與風險。以往，憑藉著個人經驗與直覺就可以進行判斷與決策，但是在一個詭譎多變的全球化經營環境中，這樣的一個管理模式已不足以應付多元複雜的問題。代之而起的是，一位經理人必須懂得搜集及分析數據，同時能夠在無法取得充分資訊的情況下，遽下判斷與進行重大的決策。這時候，是否能勇於承擔風險與責任是一個經理人必須具備的領導職能。

第三就是善於**辨識、運用與發展人才**。許多企業已發現人才發展應視為經理人的一項關鍵能力。愈來愈多的事實指出，現今組織能成功的運作已不能單靠傳統英雄式的個人領導力，而是需要透過一群具有不同專業與多元技能的成員集體來完成。組織中的各級主管不能再認為個人擁有足夠的思維能力就足以應付因全球化而帶來多變複雜的經營環境，更應必須懂得辨識團隊中各個成員能力上的優勢，能夠借助於他人

的能力來完成龐大艱鉅的工作任務，才能有效的領導團隊。同時，也必須在工作中給與團隊成員歷練表現的機會，傳承個人的經驗與知識，營造團隊學習的氣氛，讓團隊成員有機會成長，才能作出有效的貢獻。

IBM 公司的領導力評鑑指標

為了辨識出真正的領導人才，建立組織各層級領導團隊和人才梯隊，世界知名的企業 IBM 長期堅持開展其組織內部各級主管的領導力評鑑，並且開發出獨特的四環模型：以對事業的熱情度為核心，三大領導力評鑑向度圍繞這個核心，如圖 7.4 所示。

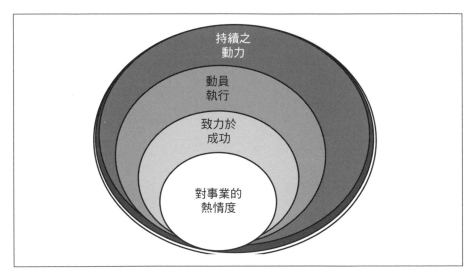

圖 7.4　IBM 公司的領導力評鑑指標向度

IBM 公司認為，一位傑出領導者對開創事業、贏得市場以及對於公司的技術和業務能為世界提供服務應充滿著熱情。評鑑對事業熱情度的關鍵行為指標包括：充滿熱情地關注公司在市場上的獲利表現；

表現出能夠感染他人的熱情；能描繪出一幅令人振奮的企業未來願景；接受企業的現實，並以樂觀自信的方式做出反應；充份理解科技對於改變世界的潛力；對公司解決方案深具信心。

另外三個領導力評鑑向度說明如下。

第一個向度：致力於成功

IBM 以三項職能來考察領導者是否具備致力於成功的領導職能向度，它包括：「**對客戶的洞察力、突破性思維、渴望成功的動力**」。

首先，對「客戶洞察力」的關鍵行為評鑑指標包括設計出超越客戶預期，並能顯著加值的解決方案；站在客戶和 IBM 雙方的角度來看待所服務的客戶；促使部屬關懷客戶及對客戶環境的深刻理解；努力澄清並滿足客戶的當前和未來需求；一切以滿足客戶需要為優先；以解決客戶遇到的問題為已任。

第二，在「突破性思維」的關鍵行為評鑑指標方面，包括必要時能突破既有的思維框架；不受傳統束縛，積極創新觀念；在紛亂複雜的業務環境中積極開拓並尋求突破性的解決方案；洞察不易發覺的連結關係和模式；從策略角度出發而不是根據慣例做決策；能夠有效率地與別人探討創造性解決方案；以為企業創造突破性改進為第一要務；開發新戰略使 IBM 立於不敗之地等。

最後，對於「渴望成功的動力」的關鍵行為評鑑指標內容，則包括設立富有挑戰性的目標，以顯著提升績效；一貫尋求更簡單、更快、更好地解決問題的方法；透過投入大量的資源或時間，適當冒險以把

握新的商機；在工作過程中進行不斷地改變，以取得更好的成績；為減少繁文縟節而奮鬥；將精力集中於對業務影響最大的事情；堅持不懈地努力以實現目標。

第二個向度：動員執行

在 IBM 的組織中，一位領導者是否能動員團隊成員有效執行並實現目標，可以從四個要素加以考察：**「團隊領導力、直言不諱、協同合作、判斷和決策能力」**。

在「團隊領導力」的關鍵行為評鑑指標方面，包括能自所領導的團隊中創造出一種接受新觀念的氛圍；使領導風格與環境相適應；傳達予團隊成員一種清晰的方向感，使組織充滿急迫感。其次，「直言不諱」的評鑑指標的內容有建立一種開放、及時和廣泛共享的溝通交流環境；言行一致，說到做到；建立與 IBM 政策和實務運作相一致的商業和道德標準；行為正直；使用清晰的語言和平實的對話進行溝通；尋求其他人誠實的回饋以改善自己的行為；與他人坦率溝通，儘管有時這樣做很難。

第三，「協同合作」的關鍵行為評鑑指標包括具有在全球、多文化和多樣性環境中工作的能力；採取措施建立一個具有凝聚力的團隊；在 IBM 全球組織內尋求合作機會；從多種來源提取資訊以做出更好的決策；信守諾言。最後，「判斷和決策力」的關鍵行為評鑑指標包括即使在資訊不完全的情況下也能果斷行動，也就是說能有效處理複雜和不確定的情況；能夠根據清晰而合理的理由邀請其他人參與決策過程；儘快貫徹決策；快速制定決策；有效地處理危機。

第三個向度：持續的動力

判定一個領導者是否能為組織帶來持續的動力，IBM 也有三個標準：「**發展組織能力；指導和發展優秀人才；個人貢獻**」。

在「發展組織能力」的關鍵行為評價指標方面，包括調整團隊的作業流程和結構，以滿足不斷變化的要求；建立高效的組織網路與聯結；鼓勵比較和參照公司以外的資訊來源，以開發創新的解決方案；與他人分享所學到的知識和經驗。「指導和開發優秀人才」的評價指標包括：提供具有建設性的工作表現回饋；幫助提拔人才，即使這樣會使人才從自己的團隊轉到另一個 IBM 團隊也要如此；積極實際地對部屬表達對其潛能發展的殷切的期望；激發部屬以發掘他們的最大潛力；與自己的部屬合作，能夠分配其以培養為目的的工作任務；協助部屬學會如何成為一個有效的領導者；輔助部屬發揮自身的領導才華；能夠以身作則鼓勵團隊成員重視學習的氛圍。

最後，「個人貢獻」的關鍵行為評價指標內容有：工作上所做的選擇及其輕重緩急與 IBM 的使命和目標保持一致；具備本職工作相關的專業和技術知識；能夠精確判斷複雜情況中的主要問題；熱誠地抱持 IBM 組織策略和目標；為滿足 IBM 其他部門的需要，釋放自己所屬的關鍵人才予以他用。

在接下來的第三部分，我們要深究人才管理中較為特殊及容易被公司領導團隊忽略的面向，包括：CEO 的接班、如何留住人才，以及如何更全面的檢視組織內人才狀況。

關鍵人才的到位學

大部分的組織所面臨到的問題主要還是在高階主管的接班，尤其是執行長的繼任計畫。因為愈到組織金字塔的頂端，升遷的機會愈少，人際間的政治行為愈明顯，你爭我奪下的情況下所產生的衝擊對組織影響也愈大。

Chapter 8

人才盤點：
全面清點組織人才儲量

家有餘糧，心中不慌。

——中國古訓

聯想集團可以稱得上是中國大陸企業國際化成功的典範。

2000 年時，聯想集團劃分為三家企業──「聯想控股」、「神州數碼」和「聯想集團」。但不巧的是，隨後的「網路科技產業泡沫化」，使全球進入了資訊科技的冬天。那時剛完成重整的聯想集團還沒有站穩腳跟，又在意圖進軍網路市場的「FM365 網站」合併案成效不彰而栽了個大跟頭。屋漏偏逢連夜雨，聯想的相關軟體系統與 IT 服務也都處於虧損狀態。接著，美商戴爾電腦又在中國大陸以直銷模式蠶食著聯想原已盤踞的市場。2003 年可以說是 IT 行業最不景氣的一年，就在這一年，聯想集團人力資源部卻做出了一件影響並奠基於該企業日後長期發展的計畫。當時聯想的人力資源副總裁喬健很果斷地做出決策，把人才盤點視為公司的一件重大事件來處理。

他從 2003 年 3 月開始，以「建班子、定戰略和帶隊伍」的概念為核心，建構了聯想集團歷史上第一個領導力職能模型。對於如何進行人才盤點，因為在當時的中國多數大企業中，沒有可資借鑒的經驗，只好摸著石頭過河。而當時，中國政府也正在開「兩會」（即是「人大」與「政協」會議），後來聯想集團也就利用「兩會」來譬喻表示公司內的人才盤點：

一是「**述能會**」，就是根據企業所建構的領導職能模型，讓每位主管先評核個人的優勢與不足，並列舉具體事例加以說明，然後讓下屬和同事提出其對直屬主管個人發展之回饋意見；二是「**圓桌會**」，根據職能評核結果及業績表現，放入「人才九宮格圖」中，把具有發展潛力的主管挑選出來。

到 2004 年春節前夕，人資部將聯想集團各部門主管——上至副總裁，下至處級經理——全都放進了九宮格的圖中，將組織內的領導與管理人才依據領導職能的表現水準加以區分。

當年春節過後，聯想又重新規劃企業策略及調整組織架構，並進行了中國民營企業史上最大的一次裁員，許多讀者可能還對當時網路上流傳的一篇〈公司不是家〉的文章記憶猶新，這篇文章是一位在這場大幅度「戰略性裁員」（意指非因個人績效好壞決定去留、而是因公司發展方向調整而決定辭退名單）中倖存的聯想員工所寫，真情敘說了裁員過程中他個人的情緒與事後反思，發布後並且還得到聯想創辦人柳傳志的公開回應。

在一次性調整了集團內 10％的職務之後，當時聯想集團執行長楊元慶最頭痛的一件事，就是公司出現數十個總監級以上的高階主管職缺，要從哪裡找這麼多合適的人選來遞補這些空缺呢？當人力資源副總裁喬健把全公司的人才盤點的結果，呈現在他面前的時候，他長舒一口氣說：「這是人力資源部歷史上完成的最具有策略性意義的一件事情，也為打贏這次公司策略轉型的戰役，提供了最為重要『炮彈』」。

由上述聯想集團的故事，我們不難發現企業要進行人才盤點的重要性。

人才盤點是掌握組織核心能力關鍵資訊的一項重點工作。人才盤點的最終目的也是要塑造組織核心競爭力。為了達到這個目標，企業必須對當前組織的運作效率、人才的數量和品質進行盤點，尤其是對組織發展中關鍵職位人選的條件、關鍵職位的接班計畫，以及關鍵人

才的發展和留任做出決策。

因此，**人才盤點工作具有整體組織管理的策略性意義，也是策略性人力資源管理活動的重要環節**。既然是一項策略性的管理工作，不管是大企業還是小公司，這個工作愈早啟動愈好！

人才盤點的目的

在組織實務的運作上，人才盤點主要解決以下幾個企業人才管理的關鍵問題。

（1）檢視重要人事布局與發展策略間的適配程度

企業在進行人才盤點之前，必須先通盤檢視組織整體的發展策略：「基於未來兩到三年內企業的策略目標，究竟需要怎樣的組織架構來配合？相關職務應如何設計？職責如何分配？」

在盤點檢視的過程中，高階主管必須要回答以上的問題才能讓組織設計與其企業的業務發展兩者間能夠相互適配。舉例來說，假設國內的一家航空公司的長期策略目標是要成為「東北亞之樞紐型航空公司」。這家公司在國際化的策略中，預計要將公司旅客航運量，讓國內與國際的配比值從以往的「6:4」調整為「5：5」。這個改變意味著：它需要吸引更多的旅客乘坐國際航線，以及「如何讓公司的海外行銷機構人員的能力提升，以招引更多的國際旅客？」，「在原來東北亞重要據點，如東京、漢城、上海及北京等大都市國際機場的營業單位，是否在組織架構及關鍵人員的配置上要進行調整，以支援國際業務的

增長？」這些問題都需要高階主管在進行人才盤點前思考清楚。

（2）統一人才鑑識的標準，據此發現高潛力人才

人才盤點的過程需要企業組織採用同樣工具在相同的標準下進行人才的評鑑。因此，企業必須建立統一的人才鑑識標準。

但是，**即使大家手裡拿著相同的尺量，任何兩個管理者對同一個人的判斷，仍然是各有其偏好，但正由於這種多元觀點的存在，才使得人才盤點更有意義與完整。**

在人才盤點會議中，管理者們會針對每一個推薦候選人的領導力、潛力等因素展開充分的討論。那些對員工個人條件不一致的認知，就在一次次的彼此相互質疑中得到澄清。例如，對「國際化視野」這個職能的見解，就可能會有很大的差異，有的管理者認為國際化視野等同於國際化經驗，必須到國外工作或者從事對外工作，否則就很難培育；另外一些人則認為只要善於進行深層次和跨國家／地域的策略性思考和決策，即使沒有國際化的經驗，也具備國際化視野。隨著對人才鑑識標準的一次次的整合對焦，公司對於高潛力員工的識別也會變得更具洞察力。

（3）檢視各類人才的儲備狀況，制定關鍵職位的接班計畫

人才盤點能夠識別出高潛力人才，這還不夠，必須要結合組織需求和關鍵職位的特性，以建立人才梯隊，找出「究竟誰是已經準備就緒的接班人？誰是需要繼續花費一到兩年或是更長的時間培養的接班

人？」這個名單愈長，說明人才儲備就愈充分。如果組織的內部名單中沒有適當的人選，也顯示某關鍵職位呈現高度的「職缺風險」，那就需要設法盡速從外部尋求合適的人選。

一個完整的人才盤點系統，通常可以涵蓋 CEO 之下五至六級管理者。而多數 CEO 級的高階領導職接班作業的範圍為兩級，即其直接下屬和隔一級下屬。建立人才盤點體系後，透過對組織人才通盤的檢視，也可以強化 CEO 對組織人才現狀的瞭解與掌握，在高階領導職的接班人選上，也更容易做出準確判斷。

（4）制定關鍵人才發展計畫，鞏固各項關鍵職位接班人才的「板凳深度」

在召開人才盤點會議之前，人資單位需要完成不少的準備工作。

除了各層級管理職及專業職員工的個人基本資料外，還要對他們個人的工作條件進行針對性的量化評鑑（如上一章所述），這些量化的評鑑資訊將成為會議上討論的重要依據。

然而，人才盤點的結果不能僅僅是一堆資料而已，而是要轉化為具體、可操作的「後續高潛力人才發展」的行動計畫。

例如，某位資深行銷經理被一致認為有希望在兩年內晉升到協理的職位，但他對新市場的經驗有所欠缺，於是公司可以為其制定一個為期兩年的職務輪調計畫，要求他負責公司某一個新市場部分區域的行銷計畫。這樣具體而可行的個人發展計畫都會在人才盤點會議中得到通盤的討論，並且一旦得到高層管理者的共識，便進入人力資源單

位年度的工作任務清單，對每一個高潛力人才的個人發展計畫的執行進行追蹤。一個有效設計的人才盤點會議，可以促進與體現企業對於關鍵人才培養與發展的相關決策。

人才盤點執行單位

通常企業組織皆會透過類似「人事評議委員會」（簡稱人評會）或「人才發展委員會」（人發會）的組織，以定期（通常每一至二年）或不定期方式來執行人才盤點。人評會或人發會的組織成員為總經理、副總經理及各功能單位之一級主管，高潛力員工的直屬主管或是導師也會受邀列席進行推薦說明。人資單位最高主管與相關人員，也會受邀參與會議，充分提供高潛力員工當事人的相關人事資料以協助與會委員進行檢視及決策，如有必要也會要求提出意見。

如果企業組織規模夠大，像是集團式組織，也會有各事業單位的人評會組織，根據公司的規定執行所屬單位的人才盤點工作，會後將決議結果逐級呈遞給集團總部進行彙整。至於全球化的企業集團，其「全球關鍵人才」（Global Talent）由企業總部針對各區域組織呈報上來的推薦名單進行盤點，而各區域組織則各自針對「在地的關鍵人才」（Local Talent）進行盤點。

哪些人是人才盤點的對象？

企業人才盤點主要針對三種人，以建立公司內部的人才庫（Talent Pool）。

　　第一個盤點的對象就是「**評選出高潛力的員工**」。組織必須設定高潛力員工的評選的標準，通常人數占間接員工人數的1％至10％。據以往的經驗顯示，這些人總是會落在總經理以下四至五級的績效高及有潛力的員工中。每一個會期，可能會有不同的人名出現在高潛力員工的名單當中。這也意味，今年獲選為高潛力員工，並不保證下一次也會入選，端視個人在組織中的工作表現與其他成員相比較的結果。這些高潛力員工的條件如果夠好，在未來可透過「階梯晉升」的方式逐級晉升，可避免盲目拔擢且準確度較高，並便於激勵多數管理職員工。當然，在某些時候不是不能透過「破格提拔」的方式，讓高潛力員工快速晉升至關鍵職位，但就必須考量當事人同梯隊主管成員們的觀感與態度，避免造成多數管理職員工心中的不平。

　　第二個盤點的對象是「**關鍵職位的接班人**」。人評會會針對組織內各個關鍵職位未來可能的「職缺風險」進行分析，並考量可能的接班人選及其「就緒的程度」。通常，就緒的程度可以分為四個等級：

　　第一個等級為「暫時接班人」（Temporary Successor），就是職務代理人，就是當關鍵職位出缺時可以暫代職位的人選，直到適合的人選出現時，此人就必須交接離開。

　　第二等級為「接班人」（Successor）。該人選已具備足夠的資格，可以馬上接任關鍵職缺。

　　第三級人選則是「需要六個月至兩年準備期的接班人」（Six Months-2 Years Successor），必須接受額外的教育訓練及工作歷練以獲取更多的工作技能，始能就緒接任關鍵職務。

第四級人選為「需要二至五年準備期的接班人」（2-5 Years Successor），這些人雖然展現一定程度的潛力，但是仍需接受大量的教育訓練及工作上的歷練，以獲取更多的工作技能。另外，也須安排公司內輔導者或導師給予適當指引與教導。

最後一類盤點的對象為組織內的**「關鍵專家」**（Critical Expert）。一般說來，企業多會採取「多軌制」的職位晉升管道，除了管理職位的晉升管道外，也會有技術職位或幕僚職位的晉升管道。因為組織中有許多員工位居專業職時，可以充分展現其個人在專業上的才華，對組織產生一定程度的貢獻。但是其一旦晉升至管理職時，卻無法扮演好主管的角色。因為**主管所需要的能力，除了專業上需要的知識技能外，必須具備一定程度的領導與管理能力。而且不同階段的管理職（基層、中階及高階），所需要的領導與管理能力也不同。**

有的員工能駕輕就熟擔任基層主管，但是一旦升任至中階主管時，其知識技能卻處處捉襟見肘，不勝負荷。所以「技術職」與「幕僚職」職涯發展管道的設計，主要是讓那些不適任主管的員工，可以有一個管道轉任，能持續展現其在專業上的才華，對組織做出一定程度的貢獻。人評會或人發會的任務就是盤點及確認出那些不適任主管的員工，進一步針對其在專業職位上做出適當的安置，並賦予相匹配的工作任務。

除此之外，人評會也會針對公司的個別主管及高潛力員工的個人發展計畫執行的狀況進行檢視，及其個人職涯發展之期望及下一階段個人發展計畫的內容進行討論。

人才盤點的關鍵活動與程序

人才盤點在許多企業通常會採取一系列的步驟來完成，這些工作步驟不外乎三大工作內容：資料蒐集及彙整、討論及定案、紀錄、知會及執行。（參見圖 8.1）

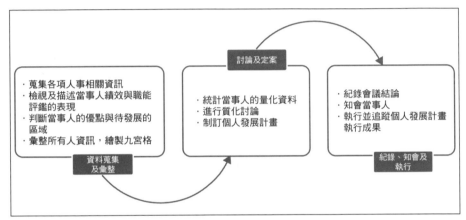

圖 8.1　人才盤點的流程

（1）蒐集資料及彙整

人評會啟動之前，人資單位必須要求各單位主管提出高潛力員工的推薦名單。這個名單的決定必須根據組織對於高潛力員工所定的標準。我們建議可以自兩方面來設定高潛力員工的門檻條件，一方面從員工以往在工作上的表現來判斷，這些資料包括：

- 工作績效評核；
- 360 度回饋資料；
- 以往工作資歷；

- 面對特殊工作挑戰的表現；
- 公司工作年資；
- 組織及產業相關經驗。

企業可以根據上述資料，設計組織所重視的項目，給予不同記分權重，以取得員工的量化評鑑資料。除了以往在工作上的表現外，企業也可以針對員工個人未來的發展潛力進行量化式的評估，包括：

- 個人自我提升及持續學習發展的意願；
- 移往不同工作地點的「機動性」（Mobility）；
- 外語能力；
- 晉升慾望（Advancement Aspiration）；
- 領導／管理職能（風險承擔、策略思考、發展他人、識別及聘用人才的能力……）。

（2）討論與定案

當量化資料準備齊全後，由人資單位彙整提交至人評會進一步進行質化的討論。事實上，人評會對於人才的鑑識是一個質化評估的步驟、透過結構化討論的過程，研判出公司目前及未來組織領導階層所需關鍵人才的才能水準，以決定哪些推薦人選可以進入最後的名單中。

首先針對量化資料部分，人評會會要求部門主管或是推薦人選工作上的輔導人針對評核表中量化評核的項目內容提出說明，並針對被質疑的部分，要求部門主管提供詳細的解釋，以充分了解這些推薦人

選的基本資格是否符合公司的期待。接著，人評會成員會再進行質化的討論，這時候各個委員會根據個人對個別人選的認知，提出自己的看法與對資料內容的解讀。這樣的討論過程，會有一點像專家齊聚座談。

有些企業會特別將個別推薦人選，針對其以往工作表現之貢獻與未來發展潛力評核結果繪製成人才九宮格圖（見圖 8.2），來標示當事人所屬的人才類型。

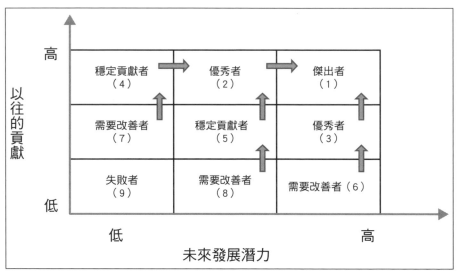

圖 8.2　人才九宮格

屬於九宮格圖中的（1）位置者，其以往工作表現與發展潛力的結果皆在水準以上，屬於傑出者，也就是所謂的「超級巨星」（Superstar）。屬於這類的人才，具有較高的晉升機率。

屬於九宮格圖中的（2）位置者，其工作績效表現傑出，但是潛

力平平，屬於這一類的人才，組織需謹慎地安排下一個工作，並且需要給予重點式的工作指導。

屬於九宮格圖中的（3）位置者，其工作績效中等，但是具有高度潛能。針對這一類人才，組織必須運用一些激勵手段，促使其展現更高的工作績效。一般說來，位居（2）及（3）位置者，屬於公司的「將成型的未來巨星」（Emerging Superstar），並盡量的輔導與激勵其往（1）位置上前進。

位居九宮格位置（4）者屬績效佳但是潛力仍待開發者，組織應激勵其維持高檔的績效表現，並給予適當的輔導以提升其潛能。

至於屬於九宮格圖中的（5）位置者，組織須給予更多的教育訓練的機會，並激勵其展現高績效的工作表現。位居（4）及（5）位置者，屬於組織的「中堅份子」（Solid Player），並盡可能訓練及激勵其往位置（3）的方向發展。

位居九宮格位置（6）者屬於績效差但是潛力足者，組織應要求限期改善績效。

位居位置（7）者屬於績效平平，潛力不足的員工。針對這一類的人，組織應盡量督促其維持，並進而協助其提升工作績效及潛力。

位居位置（8）者也是屬於績效差的員工，組織應要求限期改善績效。這三類的人才皆屬於需要改進的人才。

至於最後一類位居九宮格位置（9）的員工則屬於組織中的失敗者，既無好的績效表現，同時也缺乏待提升的潛力，組織將會採取一些手段，迫使他們離開。

　　在經過爭辯與討論後，人評會就可以從名單中票選出最後的高潛力員工。表 8.1 是國內一家企業人評會用以質化分析及討論推薦人選是否可遴選為高潛力員工的表單工具。

表 8.1　員工潛力質化分析表

分析項目	發展潛質具備程度	發展需求之診斷
企業價值觀的支持 （Support of Corporate Values） ●工作行為符合企業價值觀 ●展現對他人的尊重 ●展現團隊合作的工作行為 ●認同公司的管理		
對於領導的承諾（Leadership Promise） ●強烈展現領導的動機 ●有意願接受領導的重任 ●具備配置資源與動員群眾的能力 ●能夠激發員工士氣		
人際技能（Interpersonal Skills） ●能夠清楚而有效率地溝通 ●能夠有效地進行簡報 ●能有效率地展現人際外交 ●值得信任及尊重		
工作績效的展現 （Demonstration of Results） ●展現正向的團隊或部門工作績效 ●展現成功的客觀績效指標 （Sales, Productivity, Profits, Quality, etc.） ●完成重要的工作任務		
發展導向（Developmental Orientation） ●具備正確的自我洞察力 ●有意願接受教導與接受回饋 ●能夠從經驗中學習 ●能夠很快在新的場合中學習新的工作 ●能夠自發學習		

表 8.1　員工潛力質化分析表（續）

分析項目	發展潛質具備程度	發展需求之診斷
若離職帶給公司的風險（Risk of Leaving） ●具備特殊及企業亟需的知識技能 ●有意願進行知識分享		
組織知識（Organizational Knowledge）		
工作挑戰（Job Challenge）		
領導職能（Competence）		
不適任擔任領導者之特質 （Leadership Derailers）		

　　除了討論高潛力員工的人選名單外，人評會委員也需討論上一次入選名單中，哪些人可以繼續保留，哪些人可能在這一次的盤點中被剔除。換句話說，高潛力員工的名單中的人選可能年年不同。

　　至於在關鍵職務接班人方面，應就現職的高階主管及高潛力員工名單中的人選，一起進行討論。任何人選接替某關鍵職位，必須應有相關職務的歷練才有機會。

　　舉例來說，接替國際行銷副總一職的人選，必須有擔任二至三個區域性高階行銷主管（如：亞太區資深行銷業務協理）的資歷。一般說來關鍵職務接班人選，可分為「暫時接班人」、「接班人」、「六個月至兩年內可接班」及「二至五年內可接班」四類。

　　人評會委員應就各個關鍵職位進行職缺風險分析，以預防並降低關鍵職位遇缺而無法立即填補的風險。如果某個關鍵職位現任主管有離職的可能，而接替人選無法立即就緒的話，該關鍵職位的職缺風險就會很高，一旦發生職缺就會帶給公司經營管理上的困境。如果在組

織內找不到合適的人選接替關鍵職位，應立即積極地向外尋求合適的人才。

　　最後一個人才盤點的工作就是「關鍵專家」人才的確認。當有一些表現良好的技術職員工或主管級員工，在人力盤點的過程中發現其個人缺乏對於領導職務的強烈承諾，或者其個人缺乏相關領導／管理職能的發展潛力，這時候組織可以將其安排至技術職或是幕僚職的職涯管道去發展，擔任更高階的技術或專業人員，參與專案團隊負責開發公司需要的專業知識與技術，或者擔任一般技術或專業職員工的導師，或者擔任公司特殊專業技術課程之內訓講師，或者擔任企業組織知識管理單位文件內容的審核／編輯專家，持續發揮其在專業技術上的影響力，並產生貢獻。

　　不論是高潛力員工、關鍵職務接班人，或是關鍵專業人才，人評會必須針對這些人的未來發展需求，進行診斷及協助制訂「個人發展計畫」，並責成這些員工的直屬主管及人資單位協助及督促當事人發展。這些人是否能夠依據建議執行完成個人發展計畫，也關乎其在未來的日子裡是否能夠持續地被列入於關鍵人才的名單當中。表 8.2 為個人發展計畫之範例。

（3）記錄、知會及執行

　　人力資源單位必須詳細且忠實地記錄人評會討論的內容，包括人評會委員對於個別推薦人選質化分析的意見、關鍵人才的個人發展計畫內容的建議等。所有紀錄的內容必須謹慎的保存，以利事後查閱。

表 8.2　個人發展計畫

姓名：		工號：		職稱：		職級：

填寫日期：		確認日期：		執行期間：

發展目標

短期目標：	長期目標：

內外訓練課程				
課程編號	課程名稱	提供者	開課日期	完成日期

學位教育				
學位名稱	學程名稱	提供者	開始日期	完成日期

在職訓練				
活動型態	活動名稱	提供者	開始日期	完成日期

主管簽名：日期：
員工簽名：日期：
人資主管簽名：日期：

人評會結束後，緊接著就是展開知會的動作。**在實務上，各個關鍵職位被評選出的接班人是不會被直接知會的**，而是由人評會委員持續的追蹤其表現。至於被評選出的高潛力員工，一般企業組織會採取下列四種不同的知會方式：

（1）所有推薦人選皆可公開得知其個人是否被列入高潛力員工的名單中。如果企業的組織文化具備「包容」（Inclusive）與開放的特質，公開知會不失為一個好方法。一方面可以讓錄取人選可以得到激勵，也可以讓其他的員工有傚仿的對象。

（2）僅有那些獲選為高潛力員工者被其直屬主管私下告知其被列入名單中。若企業處於一個較為保守的組織文化，為避免那些獲選為高潛力員工者受到其他員工異樣的眼光對待，有些企業則通知當事人的直屬主管，並由其轉知會當事人。

（3）僅有那些獲選為高潛力員工之直屬主管被告知，同時要求其提供特殊的發展機會給這些高潛力員工。為了避免入選者患有「大頭症」，有些企業則採取這個方法。

（4）所有員工皆不被告知。若企業組織避免員工間相互比較，彼此競爭及排擠，破壞組織中人際間的和諧氣氛，則可採取所有員工皆不被告知的方式。

但不管是採用哪種知會方法，操作上必須能確實掌握可能造成的風險。若知會程序不當，則可能會衍生許多問題，包括：

（1）高潛力員工群可能在組織內形成特殊的菁英團體（Elitist Group）而與組織其他成員產生隔閡；

（2）可能打擊及減損公司那些努力卻無法獲得重視的員工之工作士氣及留職意願；

（3）人才管理制度可能被誤解為僅照顧那些被組織認為有價值員工的制度；

（4）高潛力員工的直屬主管可能不願培育高潛力員工使其超越自己，反而讓高潛力員工因之而折損；

（5）各部門搶人才，反而降低高潛力員工調任機會，阻礙其發展。

鑒於上述可能衍生出的問題，組織必須仔細實施知會的程序與內容。首先，公司各階層主管都應接到一份一致的說帖，向公司的所有員工說明公司高潛力員工評選制度的內容。表 8.3 是建議一些可以呈現的內容。

表 8.3 高潛力員評選制度內部說明文件範例

◆ 什麼是高潛力員工制度？
◆ 什麼是高潛力員工？
◆ 高潛力員工如何被評選出來的？
◆ 我如何改變才有機會被評選為高潛力員工？
◆ 高潛力員工的名字會被正式宣告嗎？
◆ 假如有員工詢問你，「你是否已被評選為高潛力員工」，你應該如何回答？
◆ 假如一位員工不曾被選為高潛力員工，其在公司發展與晉升的機會是否不會被考慮？
◆ 是否一位員工被評選為高潛力員工，一直都是高潛力員工？

另外，公司給予高潛力員工的知會函中，也可以有一些一致且必要內容，表 8.4 是建議的內容。

表 8.4　高潛力員工獲選通知說明文件範例

◆ 給獲選員工一句恭喜！
◆ 告知員工被評選進入的高潛力員工類別。
◆ 清楚解釋制度的目的與內容。
◆ 說明制度的隱密性（confidentiality）。
◆ 說明員工自身有接受或拒絕入選的權利。
◆ 說明制度並不保障員工未來雇用或晉升的機會。
◆ 其他資訊：
　高潛力員工正式啟動時程。
　如何與人資人員接觸。
　協助認識公司相關發展資源。

有效管控高潛力員工的折損

人力盤點對許多企業來說是一項重要，但是敏感的活動，實務操作上必須謹慎細膩，才不會產生負向作用，尤其是造成高潛力員工的折損。根據過去實務上的經驗顯示，高潛力員工折損的原因不外乎下列幾個原因：

- 企業所提供的薪資福利水準不符合其個人期待，尤其是企業所提供的薪資待遇低於同業水準。

- 晉升速度無法滿足其企圖心，尤其是公司給予的職務抬頭，非其個人首要選擇。

- 個人家庭生活不能夠平衡，工作時數與工作地點無法配合其日常作息。

- 直屬主管無法經常給予工作上的指導與建議，尤其是主管沒有花太多的時間與其共事，或者不認同其個人做事的風格與方式。

- 無法與工作團隊成員相處融洽，尤其是工作團隊成員無法與其成為夥伴關係，或受到排擠參與組織內部工作以外的其他團體活動。

- 公司無法提供個人發展計畫，尤其是當事人有意願學習其他事務，但是公司卻無法提供機會。

企業負責人力資源發展的專業人員必須經常與高潛力員工訪談互動，確實了解及掌握個別員工的心理需求，及時給予建議或者提供資源，才不會讓這些高潛力員工在還沒有產生對組織的貢獻前就折損，對其個人及組織的發展都是一個莫大的傷害及損失。

花旗銀行的人才盤點

「花旗銀行」（Citibank, N.Y.）是花旗集團屬下的一家零售銀行，其主要前身是 1812 年 6 月 16 日成立的「紐約城市銀行」（City Bank of New York）。經過近兩個世紀的發展與透過併購，現已成為美國最大的銀行，也是一間在全世界近 50 個國家及地區設有分支機構的全球化金融機構。

花旗集團的策略定位，就是要成為世界金融領域的領導者。這個全球等級的國際金融服務機構，擁有 100 多個國家市場的 1.2 億個人、企業、政府部門及機構客戶，並提供多元化的金融產品和服務，包括

零售銀行、信貸、企業及投資銀行、保險、證券經紀及資產管理等。

為了有效地實施公司策略，達成公司目標，花旗銀行推行了一種獨特的人才發展模式，搭配公司各階級經理人的職涯發展管道，其實施內容主要以人才盤點為主——根據每個員工的績效和潛能評核成績，運用科學化的人才管理工具，制定合理的人才管理方案。

全方位的工作績效考核

花旗銀行的人力資源部運用平衡計分卡來評核經理人的工作表現，根據六個關鍵因素面向，包括「財務成就」（Financial Measures）、「策略執行」（Strategy Implementation）、「客戶滿意度」（Customer Satisfaction）、「內部控制」（Internal Measures）、「人際能力」（People）、「個人品格及行為表現」（Ethnics）等對各級經理人做出綜合性的績效評核。評核結果會分為三個等級：

（1）特優型的績效（Exceptional Performance）、

（2）完全達標型的績效（Full Performance）、

（3）貢獻型的績效（Contributing Performance）。

屬於特優型的績效等級的經理人，表示其工作各方面都已完全達到績效標準，甚至還有一些超越；完全達標型的績效等級的經理人，顯示其工作的所有方面都已完全符合績效標準；屬於貢獻型的績效等級的經理人，表示其一部分工作達到績效標準，另一部分工作則沒有達到績效標準。不同層級級經理人，其被評核的績效等級內容也不同，在實作、

技術、專業、領導力、工作關係等方面的內容都有不同的界定。

潛能考核

在績效評核的同時，花旗也評核各級經理人的潛能。潛能考核結果也有三個級別：

（1）「**轉變的潛能**」（Turn Potential）：即具備升任至另外一個更高層級經理人職位的能力和意願；譬如從部門經理到分行行長。具備轉變潛能的員工通常具有廣泛而深入的實作和專業技能，具有在下一個層級工作所需要的專業能力和領導技能，能靈活運用新的技能和知識，渴望獲得較高的挑戰和更多的機會，具有前瞻的經營視野，能夠朝著公司整體業務目標努力。

（2）「**成長的潛能**」（Growth Potential）：即具備輪調同一層級更具複雜性經理人職位的能力和意願；譬如從訓練經理到薪資福利經理。在實作、技術以及專業上的技能都高於現在的經理人層級所需的水準，執行和領導能力超越現在經理人層級所需的水準，能夠持續學習和靈活運用新的技能和知識，渴望在同一經理人職位層級上有更大的挑戰，擁有承擔更多工作責任的企圖心。

（3）「**熟練的潛能**」（Mastery Potential）：即能夠符合不斷變化的工作要求，能夠不斷深化經驗和專業知識。具備目前經理人職位層級所需的執行和領導技能，對目前工作中的成長感到滿意，希望能夠在目前的工作職位做得更出色，在關注公司整體業務目標的前提下關注自轄業務的成功。

人才九宮格的運用

人才九宮格的使用是人才盤點中最重要的分析工具，它將績效與潛能的理念結合在一起，根據績效和潛能兩種評核結果，將員工分別放在九宮格圖不同的格子裡。格子上方是績效的三個等級，左側為潛能的三個等級，績效的三個等級和潛能的三個等級相互對照，將具有不同績效和潛能等級的員工分為九類。（見圖 8.3）

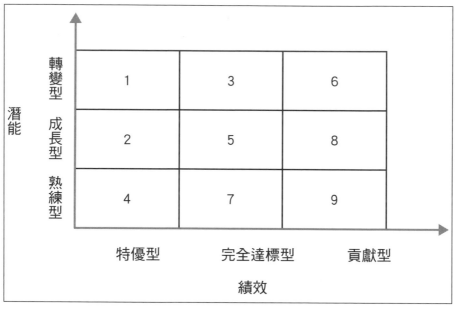

圖 8.3　花旗銀行之人才九宮格

績效特優，潛能屬於轉變型的員工放在第 1 格，表示該員工當前具備提升到更高層次職位的能力，放在第 1 格的人通常會在六個月內被提升到更高一級職位。

　　績效特優，潛能屬於成長型的員工被放在第 2 格，表示有能力在目前的層級承擔更大的工作職責。

　　績效完全達標，具備轉變潛能的員工被放在第 3 格，表示該員工將來有能力進行轉變，應該在目前的工作職位上做得更加出色，這類員工有可能往第 1 格方向轉移。

　　績效特優，潛能屬熟練型的員工被放在第 4 格，表示有能力在同一層級的相似工作職位上展現高度的工作績效，也有可能會被安排到別處做其他方面的工作。

　　績效完全達標的成長型潛能的員工被放在第 5 格，有可能在目前的層級承擔更多的職責，但是應該努力達到更優秀的績效等級。在上一年度輪調到新的工作職位，並且在以前被評在第 1、2 格內的員工通常也會被放入此格。

　　第 6 格內是績效屬於貢獻型，潛能屬於轉變型的員工。上年度輪調到新的工作職位，並且在以前被放在第 1 和第 2 格的員工也被暫時放在此格，因為他們在新的職位上還沒表現出他們應該表現的績效水準。

　　具備績效完全達標的熟練型潛能的員工被放在第 7 格，表示需要往更優秀的績效水準上努力。

　　第 8 格內為貢獻型績效的成長型潛能之員工，他們可能在某些工作方面表現良好，其他方面表現不佳或很差，應該努力在當前的層級達到完全達標的等級。

　　員工一旦被放入第 9 格，也就是說他屬於貢獻型的績效與熟練型

的潛能等級。一般情況下，在未來的三到六個月內這些人會被迫換到另一個地方工作或被淘汰。

　　配合著以上有效的人才盤點工具——平衡計分卡與人才九宮格的運用，這家組織龐大、業務複雜、管理人才需求高、涉足市場廣泛的花旗銀行，才得以隨時了解公司內的人才儲備狀況，並能隨時準備好一套應付組織關鍵職位的繼任與優秀員工再發展的策略劇本。

Chapter 9

確認組織下一個領頭羊
── CEO 接班計畫

最好的 CEO 是構建他們的團隊來達
成夢想，即便是籃球之神麥可・喬丹
也需要隊友們來一起打一場比賽。

──美國通用電話暨電子公司執行長

查爾斯・李（Charles R. Lee）

　　企業組織中關鍵職務的接班計畫是人才管理中的一個核心議題，有的時候人才管理所探討的內容幾乎都與關鍵職務之接班計畫有關。

　　當然組織中的關鍵職務之接班計畫可以涵蓋各層級主管的繼任問題，但是大部分的組織所面臨到的問題主要還是在高階主管的接班，尤其是 CEO 的接班計畫。

　　因為，愈到組織金字塔的頂端，升遷的機會愈少，人際間的政治行為愈明顯，你爭我奪下的情況下所產生的衝擊對組織影響也愈大。而且，企業 CEO 的選取不當，會讓組織經營發展遭遇到極大的風險，尤有甚者，更可能使組織面臨衰敗破滅，到了難以起死回生的境地。當我們回憶起國內一些知名的企業人物，包括前「博達科技」董事長葉素菲女士、前茂矽公司負責人之一的胡洪九以及前宏碁公司總裁暨執行長蘭奇（Gianfranco Lanci）等，他們的個人操守及管理行動上的失誤對於組織的破壞力之深，也言明了 CEO 及公司的實質掌權者對企業成敗的關鍵影響。正由於 CEO 的接班計畫非常重要，所以本章要特別針對這個問題深入探討。

　　「CEO 接班計畫」堪稱是公司董事會最重要的職責之一，但往往也是董事會最難執行的任務。

　　CEO 績效與企業業績表現之間的關係至為密切。美國管理顧問公司 Patrick O'Callaghan and Associates 曾經進行過一次調查研究，結果顯示 85％參與問卷調查的北美公司代表認為，CEO 接班計畫的責任，主要是由董事會成員來承擔。這其中有 58％的公司由人力資源單位和薪酬管理委員會協助帶頭執行這項工作。

近年來，評估和甄選高階主管候選人的重要性和風險都在不斷增加。許多證據顯示，許多企業的 CEO 接班計畫，就理論上的完整度與有效性而言，遠遠未達到應有的水準。造成這一問題的主要原因有兩點：

一是許多企業對外部人才市場的掌握度不足，其次是企業董事會對 CEO 繼任候選人評斷過度主觀，絕大多數缺乏客觀的資訊。Patrick O'Callaghan and Associates 的調查研究發現，在北美上市的公司中，有近三分之二的 CEO 及董事會承認，儘管認為 CEO 接班計畫至關重要，他們卻並沒有投入應有的時間和精力，進行繼任人選的規劃。

市面上固然有許多報章雜誌登載有關如何進行 CEO 接班計畫的相關文章，旨在教導企業如何改善公司內的接班計畫方案。然而，與大部分 CEO 接班計畫一樣，大部分的文章本身也存在著論點上的不足，主要問題都在於太過忽視 CEO 接班計畫在朝向健全發展時的兩項重大議題：

- **內部與外部人才市場資訊的平衡**：在強調內部接班計畫人選的同時，保持對外部人才市場資訊的充分收集與分析。
- **主觀判斷與客觀人才評鑑的平衡**：在對候選人優劣勢進行主觀評判的同時，更應該運用嚴謹客觀的測量工具及方法來評鑑人才。

以上兩個議題充分的考量有利於企業推動制定和執行穩健的 CEO

接班計畫。絕大多數接班計畫執行不力的原因，源於企業在制定計畫時就存在一些盲點。消除這些盲點，將有助於董事會、人力資源單位，特別是薪酬管理委員會，精確地確認那些人具備候選的資格與條件，充實並強化組織評估 CEO 繼任人選的方式。如此，董事會成員便可以有效控制 CEO 接班計畫不週延或是存在瑕疵所帶來的風險，從而更嚴謹地執行他們最重要的工作職責。

CEO 接班計畫具高度風險性

在實務上，有幾個方面實際地反映了 CEO 接班計畫的重要性及高度風險性。首先，企業的成功與 CEO 任職表現的成功緊密相關，而且這個趨勢日趨明顯。證據顯示，高績效的 CEO 可以提升公司價值，有時提升的幅度可謂相當顯著。但在此要特別說明的是，我們並不是與前面章節提及的「企業領導愈來愈難依賴個人英雄式的成功」這個觀念相悖論；而是由於 CEO 職位最主要的工作就是提升股東的投資報酬、員工滿意度及掌握企業未來成功的關鍵決定因素，居此位者掌控著更大的影響力，因此是企業人才管理中極為獨特的一環。我們固然不再頌揚傳統明星式的領導風格，但可以說成功的企業幾乎仍都需要一位具備極佳領導力的 CEO。

最知名的例子就是奇異的前執行長威爾許在他任職的 20 年當中，公司市值增加了近 4 千倍。另外，蘋果公司也因在「數位進化教父」賈伯斯成功地帶領下，在 2012 年成為全球聲譽及市值最高的公司。但是，不稱職的 CEO 也可能嚴重折損公司價值與聲譽。如前所述的

幾家台資企業，因其 CEO 的個人操守問題，即讓公司的經營成效一蹶不振。

　　其次，企業 CEO 的替換頻率自 90 年代中以後就大幅度的提高。美國的知名的管理顧問公司 Booz Allen Hamilton 的一項調查中顯示，自 1995 年到 2004 年間，CEO 的流失率增長了 300％，而且這十年間全球各地企業的 CEO 平均在位時間為 7.6 年，遠低於 1995 年前之平均在位年資 9.5 年。同時，在此期間，公司高層主管被動離職相對於主動離職或自然退職的比率也在上升。CEO 的意外離職，除了會引發公司治理上的混亂，也使得接班計畫存在著一些潛在危害浮出水面。

　　到了 2008 年，又由於美國金融風暴中華爾街「肥貓事件」的影響，政府監管機構開始針對企業高層主管和董事會的公司治理，進行更加詳細的審查，尤其在近幾年更是變本加厲。隨著一系列知名公司醜聞的爆發，監管機構訂定了更為嚴厲及詳盡的法規，以期提高企業高層決策的透明度。監管機構、股東和其他利益關係人對於公司 CEO 及高階主管的任職條件的透明度要求提高，希望藉此獲取更多資訊，期待能確實地看到公司董事會能夠基於詳細、完整及對稱的資訊，做出企業的重大決定。

　　儘管公司董事會成員認可 CEO 接班計畫的價值，但是大部分人卻對他們現行的接班計畫方案感到不滿意。Patrick O'Callaghan and Associates 的調查研究報告顯示，有 66％受訪者認為他們的董事會沒有在 CEO 接班計畫上投入足夠多的時間和精力。時間和精力的投入

固然重要，CEO 接班計畫的評核過程本身的品質也同樣非常重要。

例如，如果董事會過於著重聚焦在內部候選人，就可能在無形中忽視外部人才市場的優秀人選。在缺乏外部市場資訊作為參照的情況下，我們將難以就內部候選人的價值作出判斷。例如，與競爭對手在相對應職位上的管理者相比，內部候選人的經驗和技能如何，是否具有吸引力？在對外部的 CEO 人才市場資料缺乏掌握及足夠瞭解的情況下，我們將無法進行這樣的比較。

另外，掌握此類人才市場的競爭資訊還會有附加的好處，尤其是對公司內部人才管理方式的相應調整。譬如，如果透過外部市場監測顯示，來自其他公司的 CEO 接班人選皆具有更豐富的工作資歷和專業技能，那麼公司就應當著力對現有高階主管的發展方案進行改變。相反地，如果透過外部市場監測顯示，公司內部的 CEO 接班人才儲備遠遠比其他公司有過之而無不及，那麼公司就應當努力改善現有的人才激勵與留任措施，防止公司的優秀人才被其他公司挖走。

除了運用外部人才比較的觀點外，公司董事會也應調整過去對於 CEO 繼任人選的主觀評核方式。「過度依賴主觀評核」可能會阻礙 CEO 接班計畫的有效執行，主要原因是許多不必要的政治行為會在評核的過程中出現。通常評核會議是由 CEO 本人向董事會說明 CEO 接班計畫及可能人選的個別情況。儘管在這同時，董事會成員會評閱候選人過去的工作績效資料，以及基於可觀察到的表現所做出評價，但由於是 CEO 主導整個議程，因此更多的資訊是反應 CEO 本人對候選人的主觀判斷，因此導致董事會出現判斷上的失誤也就在所難免。

客觀評鑑及外部人才市場資訊有助降低風險

為降低判斷錯誤的機率及對 CEO 繼任人選之資格條件有更全面的掌握，CEO 和董事會應考慮將繼任人選評估資訊，擴展至組織外部人才市場，及將客觀的人才評鑑指標融入評估流程中。董事會成員可透過以下幾個問題，檢視目前公司所運用的方法和流程：

- 流程是否縝密、嚴謹、明確以及周延？
- 流程是否同時考慮了外部和內部候選人？
- 流程是否需要調整或更新？
- 流程是否過度地依賴於現任 CEO 或少數董事會成員的主觀判斷？
- 流程中的主觀判斷是否與客觀驗證有很好的平衡？
- 在市場、戰略、技術或客戶等方面有那些潛在變化將影響公司未來 CEO 在特殊技能和工作經驗方面的需求？

首先，目前市場上廣為使用的高階主管的人才評鑑方法，就可以做為企業對於 CEO 繼任人選是否適任的一個客觀性的檢視。我們在第 7 章有關領導力的評鑑已有詳細的說明。企業可將這些領導力評鑑方法融入企業 CEO 的甄選流程、培育發展以及接班計畫中。另外，企業也可以與外部的人才管理顧問公司合作，協助進行 CEO 繼任人選領導力的評鑑。像是全球首屈一指的人才管理解決方案全球供應商 Korn Ferry International 的資料庫中就具備十幾萬個高階主管不同領

導職能的分析,同時確認每一位高階管理,在其不同職涯發展階段所應具備和運用的各式領導風格和思維模式。這些客觀科學的資料可以彌補可能誤導 CEO 接班計畫決策的主觀判斷。客觀的資料可以降低主觀判斷風險,同時可以協助董事會進行更為周延 CEO 繼任人選評估。

　　接下來的問題是:CEO 的接班計畫在進行的過程中,要如何平衡組織內部與外部人才市場?一般說來,公司如果先前建有外部人才資料庫,這個時候就可以派上用場。公司的人力資源單位就可以從資料庫中,提出外部可能是 CEO 繼任人選的名單與內部名單一起彙整,由 CEO 交給董事會成員進一步的審視,決定人選。

　　假如公司沒有外部資料庫,這個時候可能需要借助外部的管顧公司。以美國一家大型石油和天然氣公司為例,該公司董事會就採取一種較具前瞻性及兼顧周延的做法。當這家公司的 CEO 向董事會成員表明他計畫在三至五年內退休時,董事會中的人力資源委員會立即檢視了現有 CEO 接班計畫。透過此舉,人力資源委員會確認接班計畫已著實提供內部 CEO 繼任人選的條件。但是,委員會仍無法對此繼任計畫表示滿意。原因是:第一,計畫未能自外部人才市場中提出人選,供董事會成員進行比較;第二,委員會成員不能確信公司是否能夠吸引到合適的外部人才。由於感到公司 CEO 接班計畫可能發生的缺失,人力資源委員於是尋求與人才管理顧問公司 Korn Ferry International 合作,要求提供資訊以進行內部與外部人才市場的比較分析。

一開始 Korn Ferry International 向人力資源委員會詳實地彙報全球各地高階人才市場的狀況。報告中列舉了目前任職於全球前 25 大石油和天然氣公司的 150 位高階主管的資訊。董事會從公司的最大的競爭對手中挑出 15 位高階主管，依序至最小競爭對手中挑出一至二位高階主管。然後根據公司策略上的需求和經營規模，對這些高階主管的條件進行排序及篩選。

最後，他們從 150 位高階管理群中鎖定了 25 名潛在標的候選人，再按照董事會訂定的 CEO 甄選條件，針對這 25 名潛在候選人進行評估及排序。排序完後，董事會再將公司內部的 CEO 候選人的資格條件與這 25 名外部人才進行比較，以瞭解內部候選人是否具備外部市場人才競爭的條件。

透過外部人才市場的研究資料，顧問公司也向董事會其他成員提供了 CEO 人才市場的概觀，同時向這家石油和天然氣公司的董事會成員說明如果需要運用外部攬才的策略，那麼這家石油及天然氣公司應提供哪些條件，才有一定程度的勝算以吸引外部人才。

由上述案例得知，如果公司需要對 CEO 繼任的人選做出明智的決定，收集與研判足夠的資訊是非常重要的。藉由管理顧問公司所提供外部高階人才市場的資訊，該家公司董事會可藉此進行內、外部人才之比較，同時也可瞭解公司是否具備足夠的條件向外部獵才，找尋公司所要的 CEO。

萬一前任 CEO 遲不交棒？

另外一個問題可能困擾公司 CEO 接班計畫的就是那些高齡且位居高位、遲不願交棒的 CEO 要如何處理。首先，公司董事會一定要找出那些不願交棒的原因，才能對症下藥。根據過去的經驗，許多高齡 CEO 久居大位不退，不外乎幾個原因：

● **這些高齡的 CEO 們多半是戰績輝煌的公司大股東：**

美國 AIG 集團前任 CEO 格林伯格（Maurice R. Greenberg）就是一個例子，他在位的 35 年間，一直維持 AIG 集團股東報酬率在 17% 左右。一直到 2005 年才因為個人在領導上發生醜聞下台。在台灣，許多第一代的知名的企業家，對於公司自創立以來的發展茁壯，的確做出許多貢獻，在資本市場上獲得一定程度的支持，造成個人在許多員工及股東的擁戴的情況下，久居高位而不退。

● **董事會長年處於弱勢，易被操弄控制：**

這些 CEO 們多數是公司的董事會成員，與其他董事會成員的關係深厚。董事會成員不敢向其施加壓力。最具代表性的例子就是迪士尼公司的前 CEO 恩斯納（Michael Eisner），他的個性具有強烈的控制慾，凡事事必躬親，但是他個人後來也因高齡而不斷受到心臟病所苦。最後也是因為個人過度強調「微觀管理」（Micro-management），讓公司具有原創及歡愉的企業精神消失殆盡，獲利下滑，因而被董事會迫使下台，使得他與董事會間不歡而散。

● **個人沉溺於權力光環與企業舞台的魅力：**

　　許多有不錯經營成績的 CEO，在媒體的炒作下，已成為成功企業的代名詞。台灣目前有許多成功的企業，其公司的 CEO 已成為媒體關注的焦點。他們個人的名號等同於公司的地位，往往媒體忽略了他們背後的團隊成員所扮演的關鍵角色。

　　上述這些原因，再加上 CEO 個人強勢的性格，不願放下自我，愈發使得情勢陷入僵局。其實解決這個僵局沒有捷徑，在現實上只有兩條路。第一條路，就是董事會成員必須要能夠強勢振作，徹底執行 CEO 的任期制合約，要求當事人在合約期滿前推出繼任人選，而後引退。公司方面則在後續財務報酬上也給予高規格的禮遇。第二條路，就是公司設計出另一個非擁有實權性質的職務，讓當事人退居二線，但仍然擁有大量的機會曝光，為公司做出貢獻。（但是要注意的是，退居二線仍須防範當事人結合內部勢力，重返 CEO 的位置。）

　　「挑選對的接班人」固然是許多企業 CEO 及董事會成員重要的挑戰。但是為了公司能夠長治久安，CEO 如何交棒，光榮的引退，顯然是門更高深的學問，也需要更多的智慧。

家族企業的接班計畫

　　如同 2012 年《天下雜誌》所進行的「臺灣 30 大集團接班」調查報告的內容所顯示的，調查中的 30 家本土知名企業集團第一代領導人的年齡都已超過 60 歲，調查也顯示其中有近六成公司找不到合適的 CEO 接班人。話說回來，台資本土企業有近九成屬於家族企業，

企業組織的大家長身兼董事長及 CEO，可見家族企業的接班計畫，在人才管理上是一個重要的議題。

一般說來，第二代的接班計畫基本上分成「**由誰接班**」，以及「**如何培養接班人**」兩大部份。關於「誰」的部份，在位的上一代必須做出抉擇。

首先，CEO 的接班人一定要是家族成員嗎？還是自外尋求專業經理人來擔任？如果決定要家族成員接班，最好及早指定。許多家族企業害怕：如果指定由某個家族成員接班，會破壞了家族成員間的感情，但是，在沒有明確的答案下，往往家族成員第二代成員間的競爭會更加激烈，更可能變本加厲地相互鬥爭，反目成仇，反而無助於保護家族成員間的關係。

另外，家族企業可以準備一份正式的書面資料，以備萬一在位的領導人發生意外，家族成員知道如何處理。當然，這種計畫屬於原則性的東西，可以視情況而有所變動。例如，當另一名家族成員逐漸展現出更適合領導公司的條件時，接班人或許就得換人。在做這個決定時，應該將公司長期的發展作為前提，是以「要怎麼做才是對公司最好」為憑，而不是以「怎麼做對某個家族成員最有利」為先。換句話說，經營家族企業就像經營任何其他的公司一樣，一定要將家族成員中接班人選的條件與資格透明化，攤在陽光下，大家共同來檢視。

指定接班人之後，接著要擬出詳細的培育計畫。接班人必須贏得員工的尊敬，如果員工覺得，接班人只因為是老闆的後代，所以才成為下一個老闆，接班人被接受的機率不高，無法博得大多數組織成員

的信服。通常,第一代的創業家培育第二代的接班人有三種方法:

（1）在家族企業的核心本業中就近培養他們成長,從基層做起,
輔導他們逐步升遷,熟悉整個企業經營的環境與文化,順
利成為接班人。

（2）讓第二代出外獨自創業,或是到其他公司歷練一段時間後,
再回來公司接班。

（3）讓第二代在家族企業中的非核心事業開始發展（例如到其
他的國家發展,開拓新的市場,或是內部興業,發展核心
事業外的互補事業）,有一定的成就後,由外而內,逐步
接掌公司的核心事業。

關於家族企業的接班,台灣本土企業也可以自歐美企業與鄰近國
家日本企業接班的經驗中借鏡。

歐美的家族企業經驗

近二十年來,企業經營的環境相對成熟,歐美很多家族企業已開
始不強調家族成員在企業中的經營權,很多家族企業都是由專業經理
人進行管理,甚至一些企業在幾代之後,家族繼承人已經遠離企業管
理,僅享有企業所有權。

如果繼承人未成年,上一代就不幸去世,家族企業通常會建立
一個律師、銀行家等組成的團隊,以「信託」方式來管理財產,在另
一方面為繼承人建立輔導團隊,包括公司的元老及外部延攬的資深顧
問,協助繼承人熟悉企業,在達到法定年齡之後再把企業交給繼承人。

這樣做的優勢在於降低企業領袖突然更迭造成的經營風險。例如，飯店世家「希爾頓家族」、希臘船王「奧納西斯家族」都曾採用過這樣的做法。

在美國，有很多家族企業都將家庭成員納入董事會或是擺放至公司裡的管理部門，例如世界最大的連鎖超市沃爾瑪集團，甚至有公司會邀請和家族保持多年友誼的朋友入股。從現代管理的角度，公司應有獨立的董、監事會和經理管理層，但很多家族企業卻將三者搞在一起。

很多人批評這種狀況可能危害小股東利益、容易滋生內部腐敗，但在實務操作上，家族對企業如果能夠絕對控制，多數會傾向於企業長遠發展的利益考量，究竟企業是屬於他們的。這就不像經理管理層一樣，只顧及短期眼前的利益。在美國有很多家族企業並不實施大比例分紅，他們多數把利潤投入公司的策略發展，執行類似滾雪球式的擴張。家族企業的最大風險是，企業 CEO 可能判斷失誤，或者能力低下又肆意揮霍，甚至沒有能力扭轉不利局面。但在另一方面，在過去的經驗中，當家族成員同時占有公司董事會和經營管理層席位，即使出現嚴重分歧，家族企業最終也能迅速達成共識，尤其面對商機和市場，他們往往能更直接和果斷。

在歐州，德國是家族企業比較興盛的國家，尤其最近十幾年來，德國的家族企業成長數目飆升了 206％，而非家族企業僅上升 47％。此外在法國、義大利、西班牙、瑞士及英國，家族企業總體發展趨勢要勝過於非家族企業，這一點從上市公司的財報可以看得出來，家族

企業在經營成效上，利潤通常較穩定。

再如瑞典知名企業宜家家居（IKEA），該公司創辦人是英格瓦‧坎普拉（Ingvar Kampard）。宜家家居目前在 32 個國家擁有 202 家分店，坎普拉個人就坐擁 280 億美元，但由於他已年過 80，第二任妻子幫他生下了三個子女。如今公司的大權已經移交給了他們。坎普拉將公司資產拆成三份，限制後代改變公司運作，任何子女都無法動搖公司的根基。最大的一個小孩後來出任宜家家居荷蘭分公司主席一職，這是集團的核心權力所在；次子則掌管整個集團的產品生產；最小的一個孩子則留在集團總部，同時，公司聘請了專業經理人達爾維格（Anders Dahlvig）擔任 CEO，負責日常運作。

歐美許多家族企業的最初幾代接班人，都身體力行從基層做起，例如 IBM 創始人老華生（Thomas Watson），其子小華生（Thomas Watson Jr.）原本生性風流，不愛讀書。但在二次大戰後，小華生加入 IBM，從基層推銷員做起。1956 年老華生正式將權力移交給小華生。當他與子握手進行接班的鏡頭出現在《紐約時報》上時，這時 IBM 已是美國排名第 37 家的大公司。

又如威廉‧福特（William Clay Ford, Jr.）是福特家族的第四代傳人。這個家族極為富有，每個人都有專屬的會計公司來管理自身的財產。儘管如此，威廉在 1979 年加入公司時，還是從最基層的產品計畫分析員做起，先後又在美國和歐洲分公司的製造、銷售、市場、開發和財務等單位任職，並從 1999 年起才開始擔任公司董事長。

目前多數台灣許多家族企業在傳位給第二代時，也多少效法上述

的方式，讓接班人在公司從基層工作開始做起，逐步發展。而不少歐美企業在傳遞了三代之後，就逐漸退出經營管理層。例如在半個世紀前負有盛名的「摩根」財團和「洛克菲勒」公司，目前都以股東的身份參與企業，僅擁有所有權，而不掌握經營管理權。事實上，這樣的企業已經不是典型的家族企業了。

日本企業經驗

日本早在明治維新時期，家族企業就蓬勃發展。日本企業家族成員間的聯繫比華人家族脆弱，責任和義務的觀念並不是很強，所以家族企業並不一定要由有血緣關係的人擔當。「寧願把繼承權傳給外人，也不傳給能力低的親生兒子」這個觀念在日本很普遍。在明治維新時期，這種繼承權方式就高達30％左右。

在日本，為防止嫡系子孫無能導致家業衰敗，很多家族企業都收容才德兼備的養子以繼承家業。像豐田汽車第一任社長、松下電器創始人松下幸之助傳位的對象都是養子。其實從日本對家族的概念、對天皇的尊崇來看，日本更多地保留了從漢唐沿襲過來的宗族制遺風。當這種精神滲入民族性，並反映到企業管理中的時候，就體現了一種企業傳承的獨特風格。因為注重家業的承續，而不是單純看重血緣的延續，對宗族純正問題沒有頑強的堅持，而是更加注重選賢舉能。

所以，很多日本企業由養子和女婿接任。養子和女婿的姓氏由於是非本姓，但只要才華出眾一樣可以繼承家業。加上日本家族在財產繼承方面一向是朝家業的主要繼承者高度傾斜，而不會採取平均分配

給多個繼承人的策略，從而使整個家業保持完整，集中了競爭力，所以日本企業中的百年老店遠多過其他國家。

日本歷史上三大財閥（另兩大為三菱及住友集團）之一的「三井財閥」從 17 世紀創業起，到二次世界大戰日本戰敗解散為止，維持三百多年興盛而不衰的局面，很大程度上就是得益於養子來繼承家業。僅從 1900 年到 1945 年，在三井財閥下的 29 位企業負責人當中，就有 6 位是養子，占 21％。另外，日本「安田財閥」的創始人安田善次郎雖然有兒子，但是卻選擇了女婿作為自己的繼承人，這完全是出於選賢舉能的考慮。日本著名百貨商「伊勢丹」的第二代創始人小菅丹治（原名野渡丹治）及其繼任者高橋儀平都是家族的養子。

目前日本很多大公司也開始採取家族後代進入董事會，而另聘專業經理人經營管理企業的做法，例如豐田株式會社，這一點和歐美家族企業有雷同之處。早在 1924 年豐田佐吉發明紡織機，1937 年豐田喜一郎投資 1200 萬日元成立了豐田自動車工業株式會社開始，此後豐田公司一直是豐田家族所擁有。現在公司價值約 4 千億日元。經過多次分拆和稀釋，事實上豐田家族所占有的公司股份已不到 10％。2005 年 6 月，63 歲的渡邊捷昭出任豐田總經理，豐田家族 48 歲的豐田章男任董事兼副總經理，則屬於掛名的職位，實際上並無實權在握。

目前不少日本家族企業領導人也已開始清楚地認知到，只是單純的守業，企業很容易衰落。因此家族企業也跟著著眼於建立現代企業制度，尋找有能力的人，帶領企業更上一層樓，甚至進行「第二次創業」。

如今日本豐田公司、三井公司、三菱公司等均聘請外人執掌管理企業，且真正做到有職有權。日本企業早期採終生雇用制，在中層幹部中，很多是老中少三代人都在同一家公司任職。這些員工早已視企業為自己的家，這樣的雇用方式可以讓企業保持穩定和持續的發展。它既讓員工安心，又提高其「以公司為家」的歸屬感。

台資家族企業如何協助下一代接班？

台灣工商業自國民政府遷台後開始蓬勃發展，企業組織多屬中小型的家族企業，成長發展至今，也開始面臨接班上的問題。如何讓家族中的下一代接班成功，可能是第一代的企業創辦人苦惱的問題。根據我個人近幾年來企業輔導顧問的經驗，台灣中小企業第一代的創業者多面臨了一個共同的接班問題，就是「無法正確地預知下一代能否有足夠的能力順利接班？」

畢竟世事難料，針對這個問題，我認為天底下是沒有一個人能夠精確預測，究竟某個創業家的下一代是否能夠成功地承接事業。但若要減低疑慮，建議可以循下面幾個步驟進行，以增加順利接班的成功機率：

第一步，創業老闆在接班前，**一定要將目前的公司治理好後，讓企業能夠交得出去，也可以讓第二代接班人比較有意願承接。**

當然，「逆勢承接」也是考驗接班人是否有能力扭轉劣勢、開創新局。但是如果接班人的能耐還沒有到達一定的程度，逆勢接班反而更可能讓家族企業一蹶不振。這裡所謂的「治理好」，其實沒有一定

的標準。治理好並不意味公司一定要賺錢，或者是公司所有的管理團隊皆已就緒。個人以為，治理好應是指公司在管理制度上最好能夠上軌道，尤其是人事與財務制度是否健全最為要緊，因為未來的接班人一旦開始接班，必須能夠充份地掌握人事與財務的主導與控制權，才能順利推動後續的事務。

第二步，**處理及安頓好公司內部的資深高階主管，讓接班人可以增加助力與減少掣肘的阻力。**

許多公司資深的高階主管與家族成員的關係，經過幾十年下來的共同創業與打拼，關係已是密不可分。

基本上，這些人在公司是既得利益者，比較容易臣服聽命在第一代創業老闆的麾帳之下。也許這些資深高階主管在許多經營管理理念上與第一代的創業老闆雷同，但是並不保證其與下一代的觀念類似。

另外，根據以往的經驗，組織層級愈高，其冰山下潛沉的政治行為也較多。這些人很可能在組織中各立門派、結黨營私、相互爭寵。為了讓繼任人選能夠順利接班，第一代的創業老闆最好能事先「清場」，協調安頓好這些老臣，才不會讓他們在第二代在接班的過程中，成為組織業務推動的絆腳石。最好，公司能夠運用相關正式的人事制度來處理及安頓這些資深的高階主管。

第三步，**協助接班人提升個人領導與管理的能力，及建立自身的管理團隊。**

如何協助接班人提升個人領導與管理的能力，已在前面提出培育接班人的三個主要方式。第一代的創業老闆就其中選擇其一進行即

可。另外，要協助接班人建立自身的管理團隊是必要的過程。當企業規模變大時，就無法以個人之力來主導所有的管理活動，必須經由管理團隊的協助以畢其功。由於接班人對於企業核心事業團隊的建立，不若創業老闆經驗豐富，這時候創業老闆可位居幕後，給予指導，但是千萬不能越俎代庖，減弱了接班人在部屬前的威信。

第四步，**要懂得將個人的關係資源移轉至接班人身上。**

台灣許多家族企業接班人由於受到上一代財富的披澤，都接受過良好的教育。但是豐沛的專業智識並不能保證企業經營一定會成功。許多企業經營除了要靠專業智識以外，還需要透過關係及人脈，這些在學校教育能力養成中是很難學到的，而且更需要時間與機會來累積。這些資源唯有靠上一代創業者的協助才能縮短獲取的時間。第一代的創業者應協助接班人建立關係人脈，在必要時可以運用這些資源協助企業在發展的過程中，建立策略聯盟、進行多角化的投資、尋求可資運用的外部專業經理人、顧問及傭兵等，使得接班人可經由多方管道及資源，讓個人企業經營管理的手法更具彈性。

Chapter **10**

留住核心競爭力的
DNA

自始至終把人放在第一位，尊重員工
是企業成功的關鍵。

——老華生，IBM 創始人

　　企業除了能夠招募到所需要的人才之外，最重要的是能夠留住哪些人才。

　　許多調查研究報告顯示，人才是否願意留下，公司內的「員工滿意度與投入感」是兩個很重要的指標。這兩個心理層面上的反應，可以反映出員工個人在組織中的工作承諾感。當一個人工作承諾感降低的時候，如果外部相對地有更好的機會吸引他，當事人經過盤算之後，很可能就會離職。因此，企業如果要實施留才計畫，就必須從人才為什麼留不住的方向思考。當順利解決員工離職的原因後，人才自然會留下來。

　　員工一般有離職傾向時，個人的工作行為在早期階段皆會發生一些明顯的徵兆，包括曠職、遲到、行為退縮，以及抱怨消極等工作態度。值得注意的是，員工心生不滿或是不願意投入，這些早期徵兆往往是由於組織中針對當事人心理上發生了一些具有衝擊性的事件，正因為這些事件導致員工個人對於工作的投入產生懷疑。這些事件可能是：

- 該獲得升遷卻遭到忽視；
- 發現公司對其所做的承諾到最後卻沒有實現；
- 發現個人可能被調到不喜歡的單位工作；
- 與直屬主管或同事的關係不佳；
- 被分派一份完全無法勝任及做過的工作任務；
- 發現公司正在從事一件有違法律或常理的事情；
- 遭受到歧視或性騷擾；
- 在工作績效表現上受到不公平的對待；
- 工作上被迫不合理地犧牲家庭或個人；

- 上司給予不合理的工作指示；
- 要求調職卻遭到拒絕；
- 要好的同事離職或遭到辭退；
- 薪水調幅很小或是完全沒有調漲；
- ⋯⋯等等其他因素。

　　早在 50 年前，著名的美國社會心理學家馬斯洛（Abraham Maslow）就提出了「人類需求層次理論」，將個人需求分為五個層級：生理需求、安全需求、社交需求、尊重需求及自我實現之需求。需求層次理論是解釋個人行為動機的重要理論，個體成長的內在動力是動機。而動機是由多種不同層次與性質的需求所組成的，而各種需求間有高低層次與順序之分，每個層次的需求與滿足的程度，將決定個體是否有意願及動機進行個人發展。（參見圖 10.1）

　　姑且不論馬斯洛所提出的理論是否完善，組織中員工個人需求的滿足，的確是個人工作與留任動機的來源，如果組織能夠對症下藥，從組織與員工管理的角度，針對組織內個別員工的需求，除了完善化人才管理各項制度的設計外，更應輔以全方位的激勵措施，才可以達到人才留任的目的。

　　我們在此章將從四個面向探討組織留才計畫的設計。如圖 10.2 所示，人才的留任應與企業經營的核心價值、工作中是否充滿信任與尊重的氛圍、組織是否提供員工成長發展的機會及員工激勵計畫的內容是否多元有關，這些面向是否能符合員工在工作滿足與工作投入心理

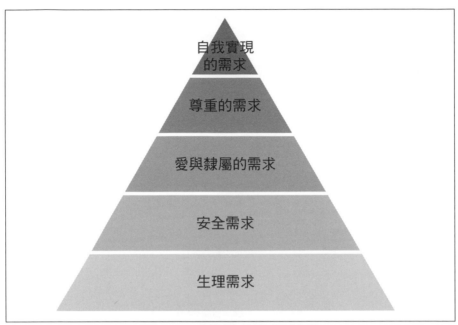

圖 10.1　馬斯洛的需求層次論

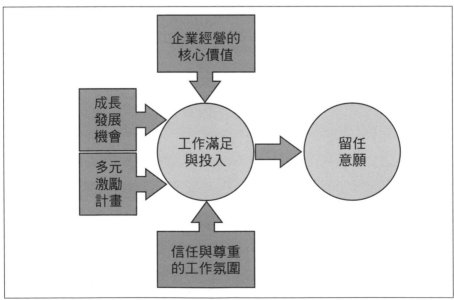

圖 10.2　全方位員工留任計畫

層面所期望的水準，將會影響其留任的意願。從馬斯洛的需求層次理論來看，「多元激勵計畫」主要希望能夠滿足員工在生理與安全上的需求；「企業經營價值觀的彰顯」主要是滿足員工隸屬的需求；信任與尊重的工作氛圍則有助於滿足員工在尊重層次方面的需求；最後，組織提供的成長發展機會有益於滿足員工自我實現的需求。當然這四個面向的內容是否能夠真如預期的達到留才目的，公司仍需要不斷的從員工工作滿意度及投入感調查的資料中分析得知。

彰顯企業文化──留住核心人才的非金錢意義

　　一路讀到本章的讀者想必已經明白：人才的網羅首先必須要考量「組織與人才個人的適配程度」，才能達到有效留才的目的。企業必須強勢彰顯獨特而鮮明的企業文化及核心價值，讓那些認同於組織文化與核心價值的人才能夠感受到與有榮焉，能夠有志一同的進入組織服務。

　　許多世界知名的企業早已了解到企業文化的有效管理有利於人才留任，特別是留住那些組織想要網羅的人才。舉例來說，固守「客戶導向」企業文化的公司如星巴克、迪士尼等，皆會以各種不同的手段來管理企業文化，並藉此留住與組織核心價值契合的員工，包括：

- 在公司內部運用各種溝通場合，包括運用語言、標語、以強化客戶價值觀。
- 招募挑選具有客戶導向特質的人才。
- 借重訓練，幫助員工了解客戶導向的價值觀。

- 實際運用領導常規（高階主管討論及回應客戶問題），協助發揚客戶導向價值觀。
- 調整組織結構及員工賦能，協助發揚以客戶為尊的價值觀。

同樣地，我們也看到一向以「高績效導向」企業文化自居的惠普、投票選務機器系統商 Smartmatic 等公司，也會透過績效管理及薪酬制度來犒賞那些工作績效卓越的員工，同時也給予這些人晉升的機會，讓他們能夠充分發揮長才，得以自我實現。

企業組織中**各項人力資源管理制度的設計，一定要能夠善待那些接受及認同組織價值觀的員工，讓他們能夠感受到組織就是為他們而存在，他們可以在其中獲得足夠的資源，享有機會提升自我，同時也因為個人工作上的努力，而獲得應有的報酬與正向回饋。**果真如此，企業就能夠留住那些與組織志趣相同的人才。最糟糕的狀況是，企業無法有效管理組織文化，各種人力資源相關制度無法反映及體現企業文化所蘊含的核心價值，造成員工工作價值觀錯亂，導致那些真正能夠為組織做出貢獻的人，心中感到無奈，最後選擇離開。

美國的「西南航空」是世界以客戶服務著稱，首屈一指的廉價航空公司。該公司一直以來強調「員工中心」（Employee Focus）的企業文化，是美國航空業獲利最佳的公司。西南航空的經營策略是以最便宜的價格提供旅客往來美國一、二線城市為主的交通工具。該公司為了希望能夠成功的服務客戶，在招聘新進員工的時候，招聘小組會特別地觀察員工是否具備三項特質：

- 展現努力工作與具有強烈企圖心的鬥士精神；

- 具有僕人之心，能夠尊重待人，展現以他人為上的服務態度；

- 具有幽默感，是一位令人開心且熱情的工作夥伴。

除了一般性的財務獎勵之外，西南航空也實施利潤分享計畫，讓公司所有的員工都能成為西南航空的股東。但是曾任公司的執行長蓋瑞·凱利（Gary Kelly）認為：金錢不是員工最大的獎勵，公司方面應給予多元的非財務性質的報酬。首先，該公司高層在員工過生日的時候，皆會親自撰寫生日賀卡祝福。另外，公司也建立了完善的升遷制度，重視內部晉升以拔擢人才，藉以維持及培育企業文化。

同時，西南航空也舉辦許多活動，以表揚員工特殊的貢獻。而這些活動的功能，是要讓所有員工看到公司有多麼感謝他們所付出的貢獻。更令人刮目相看的是，公司中對於歡愉的文化十分重視，提供許多活動，處處都帶給組織成員各種不同的樂趣，例如：

- 每年四月公司皆會舉辦一年一度的辣椒烹飪大會。

- 每當萬聖節的時候，每名員工皆會變裝出席公司舉辦的盛會。

- 在美國各地舉行「Message to the Field」會議。在這類會議中，員工必須設計「T 恤」，並且準備各式各樣的競賽。這個活動通常是在一個停車場的野餐聚會。

- 每年六月，公司會舉辦年度員工表揚大會，表揚那些在公司服務多年的資深員工，感謝他們在客戶服務上的投入，並且在實踐「Southwest Airlines Way」（西南航空之道）企業文化，並

積極的樹立典範。

● 公司會每隔一段時間選取一天為「驚喜日」（Hokey Day），由文化委員會高層飛至某一個機場，站在接機門口列隊迎接機組人員，並且為他們清潔機艙等，讓員工感到窩心及驚喜。

由於西南航空積極地運用各種措施來彰顯公司的核心價值及企業文化，讓那些認同組織的員工，感受到公司的強勢作為，所以該公司的員工流動率很低，截至 2010 年為止，公司裡仍有 17 位創業元老級員工留在公司裡服務，這些員工有些已經擔任組織中的高層主管。由此可見，有效率地管理企業文化及彰顯組織的核心價值有助於留任那些認同於組織的核心人才。

培養信任與尊重的部屬關係

許多研究指出主管與部屬間的信任與彼此尊重關係會影響員工的留任意願，以及其對於組織付出的程度。上述論點主要來自於「**主管部屬交易理論**」（Leader-Member Exchange Theory, LMX theory）。基本上，LMX 理論的重點在於成員在組織中的工作表現，端賴於其與主管之間的交易關係（Interpersonal Exchange Relationship）。產生交易關係的根源在於組織的資源有限，領導者原則上是無法將資源平均一視同仁地給予部屬，加上又有執行目標及限時完成的壓力，勢必會選擇將資源給予自己本身關係良好的部屬或者認定有能力執行目標完成的部屬，以完成工作目標。

其他學者也提出「**內團體**」（In-Group）與「**外團體**」（Out-Group）類似之觀點。凡是與主管關係良好者稱為內團體，與主管關係互動較低者稱為外團體。基本上領導者會與內團體成員有較高的互動及信任關係。反之，領導者對於外團體成員之影響力，大多是單向且是由上而下，互動與互敬程度較低，僅保持著正式經濟性質的交換關係。

另一個值得影響主管與部屬間信任與彼此尊重的關係的是台籍學者樊景立與鄭伯勳兩位教授所提出的「**家長式領導（Patriarchal Leadership）**」，這樣的領導方式廣泛存在於許多華人家族式的企業中，這些家族企業的老闆和經理人的領導行為具有某些特質，對於雇主與其部屬間的關係產生重大的影響：

- 在心態上，下屬必須依賴領導者；
- 偏私性的關係使得下屬願意服從；
- 領導者會明察下屬的觀點；
- 當權威被大家認定時，不能視而不見或置之不理；
- 層級分明，社會權力距離大；
- 領導者的控制意圖；
- 領導者個人的德行將成為組織成員的楷模與良師。

儘管組織內部的高階主管因組織資源有限，或者企業老闆採取家長式的領導方式，在分配資源與對待部屬的時候，操作上仍必須謹慎地培養部屬被信任與尊重的關係。主管過度運用職務上所擁有的資源，操弄部屬與個人的關係，擁兵自重、自立山頭；或是企業老闆將

部屬視為「家臣」，用人唯親，百般操控，這兩者皆會破壞主管與部屬間的信任關係，讓組織人才自行流失。

如何提升主管與部屬間信任與彼此尊重的關係，在於主管所呈現的管理行為。過去的文獻指出，主管可以透過教育訓練，培養及積極展現四項關鍵的管理行為，以塑造主管與部屬間信任與彼此尊重的關係：

傾聽

很多主管都是到了員工要離職時，才知道員工的想法。對員工來說，最大的挫折莫過於有問題時，主管沒有時間跟他們談話，或當員工提出一些想法或建議時，得到的只是冷漠的反應。主管應該展現積極的傾聽技巧，學習如何在與員工談話時，了解及掌握更多的資訊、想法和感覺，而不只是單向傳輸主管要表達的訊息。

參與

當主管不讓員工參與決定，員工會覺得他們沒有受到重視。身為主管有必要養成詢問員工意見，以及感謝員工建議的好習慣。讓員工知道，你是歡迎他們提供想法。最重要的是，不要忽視了良好的建議，要真正善用它們，增加員工再提供想法的意願。

授權

主管應盡可能授權，給員工更多施展空間，讓他們透過個人的專業，自行決定要如何完成他們的工作。

及時鼓勵

　　主管一定要懂得如何在公開的場合，當員工有了正向績效表現的
時候，不吝於給予肯定及表揚。許多員工因為其積極正向的工作表現，
在組織裡面沒有獲得應有的肯定，帶著遺憾的心情離開公司。因此，
主管要努力學習在適當的時機，肯定及讚揚員工的表現，一方面可以
鼓勵當事人，一方面幫助組織樹立楷模與典範。

　　讓我們舉個故事再說明以上四項管理行為的實際應用。世界第四
大家電製造商「海爾集團」是中國最具價值的企業品牌之一。該集團
在全球 30 多個國家建立了在地化的設計中心、製造基地和貿易公司，
全球員工總數超過 5 萬人，已發展成為大規模的跨國企業集團，目前
海爾集團的全球營業規模已達 1500 億元。

　　海爾的人才觀是「兵隨將轉，無不可用之人」。海爾的員工，只
要努力都會有所作為。除了網路上盛傳的「砸冰箱以確保公司產品品
質」的故事外，海爾企業內部不乏許多管理上的典範。有次該公司一
名員工「任曉全」（他原只是一名農民合同工，從技校畢業後到海爾
的冰箱車間工作）為了解決「冰箱溢料」的問題，他決定動腦筋改進
冰箱的製造工藝，並成功地達成目的。他的發明立刻獲得公司的認可，
並且加以推廣。任曉全被公司表揚，評為廠區內的優秀員工，後來又
被提拔為車間主任。任曉全說，在海爾，「你就是有小小的一點兒成
績，都會被及時發現得到肯定。」海爾正是憑藉這樣的信任關係，增
強了員工工作上的信心。

　　反過來看，如果公司中的管理者與部屬間充滿了懷疑和不信任是

不可能取得像海爾這樣的成果的。「不信任」不但會使企業失去寶貴的資源，浪費大量的時間，而且讓員工無法發揮出自己的才能，失去展示自己的機會。所以，管理者的懷疑和不信任對於企業有著極大的破壞力，管理者只有對員工真誠地信任，才能贏得員工的支援，才能使企業充滿蓬勃生機。

學習與成長的機會

國際知名的美商宏智管顧公司（DDI）曾經針對全球企業進行調查研究，結果顯示員工離職的原因除了公司的薪資福利等財務性報酬無法滿足外，缺乏成長與發展的機會是其中一項主要的原因。由於企業全球化的競爭態勢日趨激烈，各個產業所需的專業知識與技能勢必需要不斷的更新與變化，員工為了持續保持個人的工作價值，一定會產生個人學習成長的需求。因此，企業主在苦思「留才」方法前，除了薪資、福利等財務誘因外，應針對員工個人學習成長需求，塑造一個深具「黏性」、留住人心的學習成長的環境。

企業所提供的學習成長環境必須多元，才能滿足各種不同員工的需求。所謂多元，即學習的內容、形式及受教的機會是多方面的。我個人認為可以由以下幾個方面同時著手：

提供結構式知識及技能的培育活動

企業可以針對組織各項關鍵職務所需要的專業知識與技能，建構一套「學習地圖」（Learning Map）給員工做為參考，並用為員工個

人職涯規畫的引導，讓員工可以了解，如果將來晉升至某項關鍵職務時，需要準備什麼專業知識與技能的條件。學習地圖的內容包括相關必修與選修課程的名稱、課程簡介、學習形式及修業滿足的條件等。

　　國內的房產業的龍頭信義企業集團，就針對公司內部員工成長發展需求，成立信義企業大學。圖 10.3 所示即是信義企業大學的組織結構圖。該公司針對各式各樣的人才提供結構式的訓練發展計畫，包括各種專業的訓練課程及領導才能的發展活動等。各類學習活動會以不同的方式呈現，包括教室學習、見習、在職訓練等。

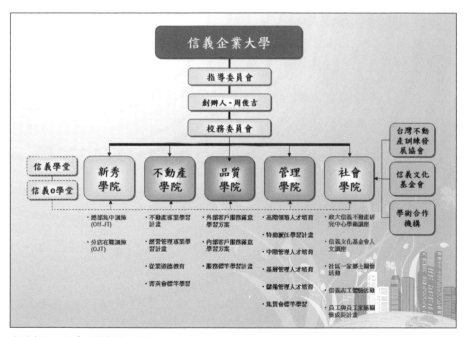

資料來源：信義企業集團公司網站

圖 10.3　信義企業大學組織圖

提供不同工作的歷練機會

許多研究已顯示，工作輪調不僅可以避免員工長期重複從事一項工作，滋生倦怠感，並且可以發展員工成為一個「**多能工**」（Multi-functional Worker）。組織培養多能工，不但可以讓員工的個人職涯發展更具彈性，同時也因為員工具備不同功能面的知識技能，可以降低組織內跨部門溝通的成本。

當然，員工進入到一個新的工作領域時，一定要有足夠的「**引導**」（Orientation）或者見習的機會，試試身手以便暖身，才不會因無法勝任而迅速陣亡。

各級主管在工作上的指導

企業人才管理有大部分的責任其實落在各級主管的肩上，尤其是在員工的發展上。有許多企業特別強調主管工作指導的能力，給予各級主管工作指導技巧的訓練，期能將個人的工作知識、技能與經驗經由在指導的過程中，授予部屬。一方面可以將個人知識轉化為組織知識，同時也可以改善與部屬間的關係，凝聚組織的向心力。

一項調查研究發現，台灣通用電子中有90％的高階經理人表示，從直屬主管身上所接受到的工作上的指導，是他們後來職涯發展得以成功的最重要因素。企業想要擁有堅強的經營能力，就必須建立一套良好的工作經驗傳承的制度與方法，從部門關鍵人才的掌握，到員工成長需求分析，再到工作指導與正面且具有建設性的意見回饋，有助於部屬快速成長。

透過團隊合作，營造學習的氛圍

將不同部門的成員組成工作團隊及透過團隊成員正式與非正式的互動，強調同僚間學習，可以促成組織內部學習的氛圍。這方面日本企業做得非常成功，一方面可以強化跨功能部門的溝通，一方面也可以讓個別員工的知識與技能透過人際互動，進行分享與移轉，讓個人知識得以擴散至組織內其他成員，組織因此得以保留更多的關鍵知識，達到競爭的目的。

組織中的知識管理

知識管理已成為許多企業競爭的重要手段，尤其是那些具有智財權的關鍵知識。國際級的企業不單將組織知識文件化，更引進知識管理資訊系統，將文件化的知識數位化，整理歸類，員工可以隨時上線搜尋在工作上所需要的知識，得以迅速地解決問題，成為員工工作上重要的績效支援工具。

「安盛諮詢」（Accenture）是全世界首屈一指的管理顧問與科技服務的公司，該公司內部就建置一套完善的知識管理系統，將公司所有顧問諮詢及科技服務的專案知識以規定的格式整理歸類並數位化。該系統不僅可以提供員工在顧問工作上專業的協助，同時員工可以在線上黃頁，找尋請教公司內部的專家，給予工作上的支援，另外也可以透過系統參與不同的專業社群，共同探討不同的顧問諮詢議題，藉此深化個人的專業知識。

容許員工犯錯，從錯誤中學習

　　許多企業只容許員工成功，不容許員工失敗，對失敗的員工則予以處罰，造成了許多原本能夠順利完成工作的部屬不敢貿然行動，在執行力方面自然大大降低。企業內的員工如僅追求只要完成自身份內工作就已經足夠，易養成明哲保身的工作氛圍。這便是許多企業內往往發生「舉手之勞便可以解決」問題，卻沒有人願意主動解決的窘境。

　　但也有許多企業採取相反的態度，他們容許員工犯錯，要求員工在錯誤中學習，在錯誤中成長，並要求絕不貳過。中國在香港上市的「匯源果汁集團」便是這樣的一家企業，該公司文化就明確表述「一年中沒犯任何錯誤的員工是沒有用心工作的員工。」因為沒有一個人是完人，可以做出很多事卻絲毫不犯錯。要提升員工的執行力，讓他們敢於承擔責任，首先就必須容許員工失敗。當能夠順利解決問題時，他們將對自身充滿信心。當員工帶來自信時，他們將變得愈來愈成功，企業也因此而獲利。

善用各種激勵獎酬工具

　　員工在組織裡面透過勞動交換其所得，企業必須重視對於員工勞動付出之相對報酬。這其中需要考量不僅是報酬的內容是否能夠激勵及滿足員工，同時也必須了解報酬的內容是否公平，讓員工感受到個人的付出是值得的。

　　一般說來，組織給予員工的報酬可以是財務或是非財務的形式。同時，報酬本身的時效性也有及時、短期的或是具有長期遞延的區分，

崇視組織的策略與員工個人的心理接受的程度。許多學術及實務界人士,已提出全方位的獎酬制度,來激勵員工。圖 10.4 顯示全球知名的人力資源管顧公司 Hay Group 所提出全方位獎酬模式。

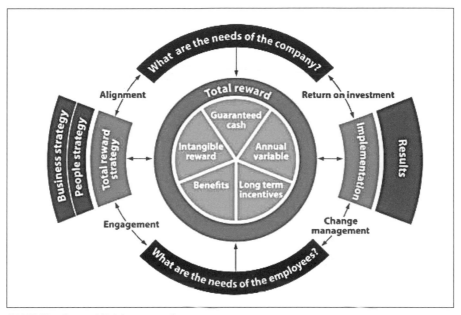

圖 10.4　Hay Group 提出的全方位獎酬模式

這個模式的基本概念是「組織中的獎酬策略必須與企業經營與人力資源策略相互銜接」,同時,獎酬策略必須能夠滿足企業的需求,達到投資報酬的目的;而在另一方面也能滿足員工個人的需求,激發及強化其對於組織的投入,達到組織變革求新的目的。Hay Group 全方位獎酬模式的給付內容,涵蓋勞動合約中所保證的「**薪資現金**」(Guaranteed Cash)、每年的「**變動性獎酬**」(Annual Variable)、

「**長期的財務性激勵措施**」（Long-term Incentives）、「**員工福利**」（Benefits）與「**無形報酬**」（Intangible Reward）。其中薪資現金、每年的變動性獎酬與長期的財務性激勵措施三者是屬於金錢的或是財務性質的報酬，至於員工福利與無形報酬則屬於非金錢的或是非財務性質的報酬。

財務性報酬

基本薪資可能是所有財務性獎酬中最令人關注的激勵工具。幾乎所有的企業皆會拿基本薪資做為吸引人才的主要工具。事實上也是如此，許多人願意考慮至一家企業做事，一定會考量薪資給付的多寡。在策略上，獵才企圖心較強的企業皆會用領先於其他競爭對手的給薪水準來吸引公司所要的人才。針對關鍵職務的給薪水準，大部分的企業會訂在高於市場給薪水準的「P75」（意指在市場上相等職務薪資水準中，100 個人裡的第 25 名薪資）或「P90」以上的位置。

另外，年度考績獎金、年終獎金、年終分紅與股票選擇權，也是能讓員工感受到激勵的幾種財務性報酬措施。這些財務性報酬手段與基本薪資不同，前者主要是具有獎勵績效的性質，後者給付條件則是與工作內容有關。對於關鍵人才，績效薪的設計尤其重要，一方面可以激勵人才，表彰其對公司的貢獻，透過額外的財務獎勵，確保其能夠持續的努力；另一方面也可以展示公司對於人才的重視，透過績效薪資的發放，讓員工瞭解到個人的貢獻程度與公司待遇高低是相匹配的。

但是，各種績效薪的給付策略有其差異。年度考績獎金、年終獎

金與年終分紅屬於變動性獎酬，其給付多寡視員工年度性績效表現的
結果而定。由於是屬於年度性的，因此其激勵效果是短期的。股票選
擇權則不一樣，由於員工操作兌現的時間有其限制，通常無法在短期
內實現，因此這種績效薪的設計屬於長期性的財務性激勵措施，意指
員工必須長時間的努力付出，才能讓股票價值不斷提升，在未來才能
享有股票兌現好處。

非財務性報酬

除了財務性質的獎勵外，其實非財務性質的獎勵機制也有不錯的
效果。表 10.1 呈現不同類型的非財務性報酬。

表 10.1　企業可提供的各類型非財務型報酬

褒揚	獎賞	機會	工作彈性
●公開在同事面前表揚 ●與公司高層共桌吃晚宴 ●參與公司決策 ●辦公室設施更新	●折價券 ●獎牌 ●禮物 ●停車位補助	●給予團隊領導的機會 ●特別訓練發展的機會 ●晉升 ●安排專人在工作上教導	●帶薪休假 ●彈性工作時間 ●居家工作 ●有權選擇工作內容

根據「美國人才創新中心」（Center for Talent Innovation, CTI）
的調查研究結果顯示，金錢已不全然是高階人才的主要工作動力。所
有年齡層的員工都開始在尋找一個能夠維持自我本性的工作環境。這
中間包括不論是那些努力工作以達到他們職涯頂峰的嬰兒潮時期出生
的人，抑或是那些奮鬥以滿足他們專業雄心和個人價值實現的 X 世代，

還是那些把工作和生活平衡當作他們自己權利的千禧世代的年輕人。

這份調查的結果也說明，當企業內的報酬組合被重新計算的時候，三項與金錢無關報酬的提供，更受到員工的重視，其排名至少比職務性津貼還高。這三項非財務性的報酬是：

（1）工作時間能夠彈性的安排

CTI 的調查資料顯示，有 87％嬰兒潮、79％ X 世代以及 89％千禧世代的受訪員工認為：彈性工時是很重要的。那些把時間視為金錢的公司也發現其比其他公司較容易吸引和留住高素質的員工，因為它們提供不同型態的工作，包括「居家工作」（Telecommuting）、「核心工時」（Core Time）以及「壓縮工時」（Compressed Work Time）的工作方案。

核心工時和居家工作的彈性工時制度在許多新興國家中也受到歡迎。在巴西、中國和印度的許多大城市，上下班高峰期因交通堵塞，都市道路變成了吵雜的停車場，這令通勤族每天備感壓力與緊張。CTI 研究報告中就特別舉了一個在北京工作的企業經理人的例子——這位主管是個通勤族，她每天要花兩個多小時來處理通勤，這非常浪費時間，也造成她生活上的困擾，讓她無法分心照顧家庭。事實上，匯豐銀行在印度已推出彈性工時的制度。在實施兩年後，有 88％的參與者的工作生產力反而因此而飆升，而其餘員工的生產力也不會因此而減少。

（2）受到賞識與關注

前述的調查中也顯示，「時常被讚賞」是員工自己在公司所取得的主要成就。尤其是主管感謝那些辛勤工作和高度投入的員工，是使他們感到被讚賞的關鍵。「美國運通」公司前人力資源資深副總理查森（Steven Richardson）就曾說：「因為現在很少有人對獎勵有很多期待，所以一個雖然短小、但個人化的感謝能產生很大的影響。即使當我給一個小組或者團隊發送一個讚賞便條時，我也要在每一個人的電子郵件中試圖加一段個人化的話，使它非常適合員工本人，使他感受到被激勵。」

公開表揚是一個企業不需花錢，但能獲得員工巨大回報的強有力的方法。在企業內部網頁上寫一篇關於一個人或一個團隊的貢獻，或者在公司正式會議上公開表揚員工的成就，都會產生很大的影響。另外，公司高階主管和員工的偶而的私下互動也是另一種受歡迎的獎勵。

有個接受 CTI 調查的受訪者就直接的表白：「偶爾和老闆一起吃午餐或早餐，不僅是表示『被感激』而且是一種『被關注』。不過企業在執行這項活動時，須留意「不要因過度熱情使企業對於員工的讚賞貶值。」如果一個感謝是發自內心及誠懇的，而不僅僅是象徵性的，那種影響的力道才是最大的。

（3）暫時放鬆、稍事休息

CTI 的調查研究也表明，僅有五到十分鐘的休息放鬆會使工作效

率上升。但是，多數工作者都會盡最大努力保有工作，很少人會覺得在工作期間他們需要休息一下。主管能透過建立榜樣的方式來幫助打破這樣的局面——鼓勵員工利用公司的健康計畫；在每週下午的會議後，安排十分鐘休息時間，鼓勵所有人在回到自己的辦公桌前做點別的事情。

台灣一家位於新北市科學園區、專事製造電源供應器的傳統企業，它的人資單位就利用上午及下午工作時段中的十分鐘，播放一些柔和的音樂讓員工輕鬆一下，同時並放送一小段的健康操指導影片，讓公司的成員隨著音樂與影片中的活動一下筋骨，讓員工暫時放鬆緊繃的心情，稍事休息。

員工福利規劃

針對企業的關鍵人才，企業除了提供一般員工相同的福利外，公司可能需要提供更具個別化及彈性化的福利措施，讓員工有更多的選擇，以符合當事人的個人需求。

這些福利可能是配合職務上的特殊待遇（例如個人停車位）；也可以關乎當事人的個人生活樂趣（像一張高爾夫球證）；也可能是顧及當事人家屬的福利選項（例如員工子女學雜費補助及醫療保險）等。只要在企業的預算控制內，任何能夠符合員工個人需求的福利項目，就是具激勵效果的留才工具。

以國內知名入口網站「雅虎奇摩」的員工福利為例，公司視所有的員工為關鍵人才，公司所提供給員工的福利是令其他公司上班族欣

羨的。該公司內有設置按摩室，找專業按摩師傅免費為員工按摩，幫助員工消除疲勞。另外，公司方面還全面提供市價約 3 萬元採人體工學設計的「總裁椅」，讓員工在最舒適的情況下工作。再者，該公司的遊戲室內也提供電視、桌上足球、太鼓達人等設備；而飲料販賣機內的飲料，比市價便宜一半以上，以市價 18 元的可樂為例，僅賣 5 元，員工每周四可享用免費水果，每月有一天可免費吃公司提供的創意點心。

在台員工數約 600 人的雅虎奇摩，對員工在辦公室硬體設備、津貼、補助等福利都很大方。該公司人力資源部的一位資深經理就表示，提供員工優渥的福利，背後的理念不僅將員工視為重要資產，也相信員工能快樂工作、生活精采，才能為「網友」客戶們盡心盡力。

第 4 部

驗收你的人才管理

一個令許多企業人力資源單位長期頭痛的問題是：怎麼針對人才管理與發展的投資進行成效評估？其中最主要的原因是，企業績效的展現，可以是許多前置因素交互作用影響的結果，這些因素包括企業策略、產品與服務的特性、生產製造的技術、行銷業務的手段等，當然更包括組織人員的專業素質。……另外，員工能力的提升與發展在時間上並不是階段性的，而是連續性的，難以斷言員工的績效表現是某一時間點公司投資於員工能力提升後的結果。因此，人才管理的成效評估的確需要一套嚴謹的方法。

Chapter 11

如何檢視你的
人才管理成效？

如果你無法測量某件事，你就無法管理它。

——管理大師彼得‧杜拉克

　　「張靜茹」是一家品牌化妝品公司的人資發展部協理，她的公司對於人才管理與發展十分重視，尤其是中高階主管接班人選的規劃及研發與行銷業務兩類專業職員工的訓練發展。公司也責成靜茹負責規劃與執行年度公司人才管理與發展專案計畫。每季末，總經理都會找她到總經理室開會，要她報告年度人才管理與發展計畫的執行狀況。當然，公司對於人才發展的投資在過去幾年可以說是不遺餘力，每年皆會在整體營運費用中提撥既定比例的經費，用於人才管理與發展之相關專案。

　　這天已是第三季末，上午十點整，總經理按往例要求靜茹對他進行一個半小時的簡報，說明第三季整體人才訓練與發展的執行狀況。簡報完後，總經理很高興的向靜茹說：

　　「張協理，妳今年前三季表現不錯，公司關鍵人才發展專案皆按照年初規畫的進度，順利地執行完成。另外，按照妳提供的資料顯示，同仁的回饋意見皆很正面。很謝謝妳這段時間的努力。」

　　「很感謝總經理對於這項年度計畫的支持。我了解這個計畫對於公司未來發展的重要性，其實參與這個計畫的同仁也瞭解公司對他們的期待！」靜茹喜形於色的回應總經理的稱讚。

　　「不過，我更想知道這個計畫最後的成效，對於公司未來經營發展的貢獻，你能否再提出一個想法，試著評估歷年公司領導力發展計畫對於公司財務績效的貢獻，好讓我可以向董事會報告這幾年公司培養人才實際的績效，讓董事會能夠瞭解公司在人力資源方面所做的努力！」總經理說著說著，整個人似乎愈發變得奕奕有神，再一次展現他的個人企圖。

「這個嗎？好的……，我會回去想一想，根據總經理剛才給我的指示，擬訂一份公司整體的人才發展成效評估計畫書。」總經理的要求似乎觸碰到靜茹的痛處，讓她有一點左右為難，因為她心裡已意識到這個任務的艱鉅。

人才管理成效評估的困境

的確正如本章開端的故事所描述的，一個令許多企業人力資源單位長期頭痛的問題是：**「怎麼針對人才管理與發展的投資進行成效評估？」**這個問題之所以不易問答，原因在於企業績效的展現，可以是許多前置因素交互作用影響的結果，這些因素包括企業策略、產品與服務的特性、生產製造的技術、行銷業務的手段等，當然更包括組織人員的專業素質。事實上，這些因素的交互作用在實務上難以區隔，各個因素也不易被單獨解構出來解釋其對企業績效的貢獻程度。因此，「人才管理與發展投資成效評估」往往會引發質疑。

另外，**員工能力的提升與發展在時間上並不是階段性的，而是連續性的**。某些專業知識技能的成熟，對於工作績效的影響，難以論斷「是因為某特定時間對這位員工的投資，就是影響他對企業某特定時間內績效」的主要原因。一個人的績效展現也可能是先前專業知識技能歷經長時間淬鍊成熟結果的影響。因此，短期的教育訓練是否可以馬上展現在員工績效表現，甚至於企業整體績效的改善上，也是令人質疑。

最後，在分析技術上，許多組織內管理現象的測量不若自然科學那樣的精準無誤，同時管理科學中的許多現象難以量化，更增添成效

評估技術上的困難。因此，人才管理的成效評估結果，往往引起許多爭議，更有人不太相信其評估的結果。

以上諸多因素的確造成人才管理成效評估上的困境，但是管理科學分析技術結合數學與統計學，在近幾年的發展突飛猛進，已在管理績效的評估技術上取得一定的成績。

在人才管理方面，有兩個關鍵觀念與技術的方展，讓「科學化人才管理績效評估」的可信度提高。第一個就是由平衡計分卡策略與績效管理觀念所衍生出的「**人才管理與發展計分卡**」（Talent Management and Development Scorecard）的績效評核技術，另一個則是「**人才分析術**」（Talent Analytics）。這兩項技術讓人才管理成效評估邁入了另一個嶄新的里程碑。

兩大人才管理成效評估方法

一般說來，成效評估可依據執行階段，分成「**形成性評估**」（Formative Evaluation）與「**總結性評估**」（Summative Evaluation）兩種成效評估方式。

所謂形成性評估，指的是「人才管理與發展活動進行過程中所進行的評估」，其目的主要是針對進行中的活動，評量是否有達到預期的效果，所做的評估活動規模較小，同時是針對性的，企業可以根據形成性評估的結果，調整活動的內容，以期達到預期的績效。

例如，某企業針對期中中階主管的「溝通協調」的領導職能進行一系列的發展活動，內容包括 360 度回饋，課堂講授與個案研討，行

動學習與專案式的問題解決活動。在進行課堂講授與個案研討時，根據參與活動的中階主管們的意見調查結果發現，多數學員對於「跨部門溝通與意見整合」這項課程內容對其實務上的幫助最大，有助於改善個人目前所遇到的問題，突破自身工作上所遇到的瓶頸。於是，負責活動設計的人資發展單位可以根據調查結果，就後續的行動學習與專案式的問題解決活動，特別在學習內容方面強調「跨部門溝通與意見整合」，並增加學習活動的份量，以求整體「溝通協調」的職能發展活動有助於改善參與者日後在工作所需具備的領導行為表現。

形成性評估運用的時機，多在於「人才發展」（Talent Development）活動，而較少運用在「人才管理」（Talent Management）活動，主要原因是管理活動會牽涉到許多既定的制度與作業流程，難以在執行的過程中調整。

至於總結性評估指的是：人才管理與發展活動結束後，對於整體活動績效最後所做的評核活動，以瞭解活動後的成效與預期目標的差距。在「年度績效管理」活動中所做的目標管理與關鍵績效指標，就多屬於總結性評估。例如，許多企業會年度檢視公司內部關鍵人才的工作績效表現，整體人數達標的比重是否超越預期所訂定的比重等，以瞭解並診斷人才管理與發展措施上執行的品質。

不論是形成性評估，或者是總結性評估，在評估的技術上必須掌握「多來源」與「多方法」（Multi-source & Multi-method）的要領；也就是資料的收集上，不但是要針對評估的目的（即是年度人才管理與發展的目的），運用多種管道與方法（問卷、面對面訪談、線上評

鑑等方法），針對不同的來源（關鍵人才本人，直屬主管、同僚、下屬、內外部顧問等）進行資料的蒐集；同時根據評估的目的，運用不同的量化分析分法，始能將評估活動做得完善。

　　例如，如果評估的目的是要探討投入與產出間的因果關係，在資料分析上就必須運用相關的統計及數學方面的技術，像是：「因徑分析法」（Path Analysis）或是「線性結構模型」（Structural Equation Modeling）來進行變數間因果關係之分析。

人才管理與發展計分卡

　　「計分卡」一詞的真正意涵就是「運用量化績效指標來展現管理活動的績效」，「**人力資源與工作力計分卡**」（HR & Workforce Scorecard）的概念則源自於美國管理學者貝克（Brian Becker）、休斯萊德（Mark Huselid）、畢提（Richard Beatty）及烏立克（Dave Ulrich）等學人的研究成果，這裡面也包含了人才管理與發展計分卡。

　　在人力資源與工作力計分卡的前身「平衡計分卡」原始概念中，「關鍵績效指標」主要是衡量企業營運管理的績效，包括財務、客戶、內部流程及學習成長，四個主要構面的績效表現。這四個構面關鍵績效指標的選取，依據組織高層所規劃的策略地圖，而各個指標間的關係相互「適配」（Alignment），具有邏輯性。透過學習與成長及內部流程面兩大企業營運過程構面關鍵績效指標的達成，以支持客戶與財務面兩大營運成效構面關鍵績效指標的達成。圖 11.1 可以說明這四個構面相互間的邏輯關係。

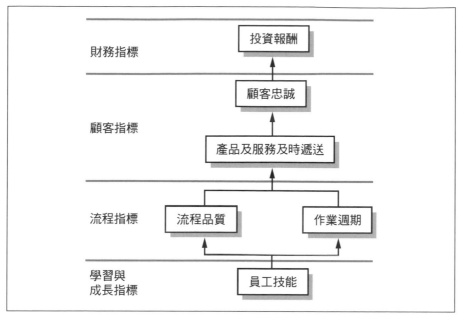

資料來源：R. S. Kaplan & D. P. Norton（1996). The Balanced Scorecard（p. 31）.
Boston, MA: Harvard Business School

圖 11.1　平衡計分卡四大構面關鍵績效指標間的邏輯關係

　　在平衡計分卡的四個主要績效構面中，學習與成長構面的管理活動包括了人才管理與發展活動在內，而其中的人才管理與發展關鍵績效指標就是用來評估企業人才管理與發展活動的績效表現。最常用的幾個關鍵績效指標描述如下。

人才獲取的成效如何？

（1）**關鍵人才招聘的時間**（Time to Hire for Critical Roles）

這個指標主要評估企業在招聘人才時間上的效率。這個指標與

另外一個經常所使用的招聘指標—每一位職缺的招聘成本（Cost Per Hire），在人力資源管理的意義上不同。對於企業任用單位來說，有效控制與節省招聘成本以完成招聘新人的任務，是一個重要的績效表現。但是，對於關鍵人才的招聘，不應太過在乎財務成本節省上所展現的績效，而應講求招聘上的時間效率。愈快找到企業所需要的人才，使其儘快上手執行企業策略性的重要任務，才是人才招聘活動的關鍵。而人才的招聘可以從企業內部尋求，也可以自外部人才市場上尋求。

(2) **內部人才晉升至關鍵職務之比率**（Internal Hire Ratio for Critical Roles）

這個指標主要計算「年度關鍵職務開缺後，由內部拔擢適任人才填補職缺的比例」。這個比例愈高表示企業內部有足夠的人才來接續關鍵職務，否則必須由外部尋求適當的人才填補職缺。內部人才晉升至關鍵職務之比率如果很高，也意味著企業持續有進行人才發展的計畫，同時人才發展的成效良好，能夠提供充裕的板凳人才，使得內部人才有能力晉升，爭取關鍵職務。

在實務上，通常企業的內部人才的晉升最好能夠維持在八成左右，而剩餘的二成左右的晉升機會則留給外部人才。一方面可以讓企業同時保有既有的核心實力，另一方面同時也可以藉機進行汰弱換強，注入新血，讓企業能夠更具創新的競爭力。

人才運用的成效如何？

(1) **關鍵人才績效表現**（Talent Performance）

關鍵人才的績效表現主要以其績效改善的狀況作為評估的內容，通常以「關鍵人才績效表現改善率」（Improvement Ratio）來顯示企業關鍵人才工作績效表現的狀況，例如，今年度關鍵人才人數在工作上的績效表現之達標比例是否較上一年度人數比例有顯著的進步。如果計算出來的差值為正值，顯示關鍵人才工作績效表現逐年進步，如果出來為負值，顯示今年度的工作績效表現較上年度為差。

（2）**關鍵人才之機動性**（Talent Mobility）

機動性可以顯示個人工作經驗的廣度，尤其對於那些擔任領導或管理要職的主管級員工來說益形重要。人才在公司裡轉換職務，可以是「跨部門」、「跨事業單位」、「跨專業領域」及「跨地理區域」的職務輪調。以往的資料顯示，有接受過輪調經驗的員工，其未來在職務上晉升的機率也會增加。下表是知名美國 Mercer 管理顧問公司在2011年針對一家全球美妝消費性產品製造商內部所做的諮詢調查，表 11.1 中顯示該企業員工在過去兩年有工作輪調經驗的員工，日後在兩年內晉升的機率相對地也必較高。

表 11.1　平行輪調有助於日後職務之晉升

		日後兩年工作狀況			
		無晉升及平行輪調	有平行輪調，但無晉升	專業職晉升	行政職晉升
過去兩年工作狀況	無晉升及平行輪調	83%	6%	4%	7%
	有平行輪調，但無晉升	56%	20%	8%	15%
	專業職晉升	62%	19%	1%	18%
	行政職晉升	50%	21%	6%	23%

資料來源：2011, Mercer

但是缺乏計畫性的工作輪調反而會給企業帶來災難，一方面在沒有足夠輔導支持機制的支撐下，那些職務上的新手可能因無法成功調適而陣亡；另一方面，可能因對新職務不適任的結果，導致個人工作績效的低落，甚而影響部門及整體組織的績效表現，對公司來可說是得不償失。所以利用職務輪調來培養及運用關鍵人才，必須考量企業的營運策略與組織人才的布局。每年計算計畫性的關鍵人才輪調人數比率可以反映企業人才運用與培養上的效率。

人才發展成效如何？

（1）**關鍵人才職能落差之補強**（Competence Gap Filling Process）

組織中關鍵人才的發展主要依據「個人發展計畫」。透過職能評鑑，了解個人職能落差，以為後續個人發展活動設計之依據，而個人發展計畫執行的成效可以得知關鍵人才職能落差是否得以補強。企業可以計算所有關鍵人才（包括關鍵職務接班人、高潛力員工及關鍵之技術領域專家）個人發展計畫執行的成效的比例，也就是落實執行個人發展計畫的人數比例，以此判斷組織人才發展的效率。

（2）**關鍵職務接班就緒度**（Successor Readiness for Critical Roles）

企業組織可以根據公司策略需要，設定關鍵職務及各關鍵職務之接班標準。關鍵職務接班就緒度就是每年就人評會進行人才盤點後的結果，計算所有關鍵職務接班人達到能夠馬上就緒的比例。如果，關鍵職務接班就緒度高，表示企業在關鍵人才發展上的成效卓越，反之

顯示企業在關鍵人才的發展上仍須努力。

人才留任成效如何？

（1）**關鍵人才留任率**（Talent Retention Ratio）

組織除了能夠有效率的招聘人才、運用人才及發展人才外，如何有效地留住人才也是一個在人才管理與發展上必須評估的向度。關鍵人才的留任率即是評估企業留才效率的重要指標。有的企業也會以另一個相對指標——「關鍵人才離職率」（Talent Turn Over Ratio）來評估，其意義與關鍵人才留任率是一樣的。關鍵人才留任率計算的方式為「期末關鍵人才的總人數」與「期初關鍵人才總人數」之比值，假如這個比值計算的結果相對比較高，顯示企業留住關鍵人才的效率高，也表示這些關鍵人才對組織的待遇感到滿意，有意願在組織內做出貢獻；如果計算的結果比較低，表示企業留才的能力有瑕疵，必須立即改善，否則可能會喪失對外的競爭力。

（2）**關鍵人才工作投入感**（Talent Engagement Levels）

關鍵人才工作投入感通常是透過調查量表來測量，許多實徵研究指出：員工投入感愈高，其工作績效表現愈好。所以評估關鍵人才工作投入感，就能協助企業掌握這些人才日後工作績效的表現。

不過，要特別說明的是：「工作投入感」與「工作滿意度」是兩個截然不同的概念，前者是指「一個人對其工作或工作經驗的評價所產生的一種愉快的情緒狀態」，而後者則反映了「員工對組織投入的感情、智慧和承諾的狀況」。根據研究和經驗顯示，高工作滿足感的

員工，通常離職意願較低，但是不表示其工作績效比較好；但是工作投入感卻與工作績效緊密聯繫，員工的高度投入加上合適的能力，不但能夠產生更佳的工作績效，而且更能提高組織可持續發展的競爭優勢。因此企業可以根據這個指標來評估留才的成效，同時也能藉此預知企業組織未來的競爭實力。

　　上述這些量化關鍵績效指標可以協助企業評估及掌握關鍵人才管理與發展的成效。但是指標呈現出的數字，還必須與「標竿」（Benchmark）比對後才能判斷出數字呈現的結果是高，還是低。通常，關鍵績效指標的運算是透過「企業人力資源商業智慧系統」（HR Business Intelligence），藉由資料庫中相關資料的搜尋，透過設定好的公式及電腦程式直接運算，再與標竿資訊比對後，呈現不同的燈號以顯示各項指標是否達標，或是警示某須區域需要進行改善。另外，每一項指標有其計算的週期，有些是年度性，有的以半年或三個月為一期，在運用時必須注意時段上的問題。

人才分析術

　　除了關鍵績效指標可以用來評估人才管理與發展的成效外，晚近有一些學者提出「人才分析術」的概念。藉由整合組織各功能面的管理資料庫，形成資料倉儲後，持續累積成巨量資料，再運用數學或統計的分析方法，來探討人才管理與發展作業流程中變數間之因果關係，從而窺知其中特定的人才管理與發展活動是否可以帶給組織經濟上的效益。

　　廣義來說，我們在前一節論及的關鍵績效指標也屬於人才分析術

的一環。但從狹義的人才分析術的角度，組織須根據特定的人才管理與發展活動，就其原先推動的目的，以評估其是否達成預期的成效。所以這項成效分析的模型，必須依個別組織的需求而有不同的設計方式。基本上，人才分析術與人才管理與發展關鍵績效指標在實務面上的運用是有區別的。

如果各家企業的指標計算公式與資料來源來是相同的，關鍵績效指標就可以進行跨企業間的比較。而人才分析術的資料分析模型則要視個別組織之需求，進行客製化的資料分析處理。就人才管理與發展活動而言，有許多的制度與流程是「個別企業專屬的」（Company-specific），所以人才分析術在成效評估的運用上，更有其深入發揮的空間。

容我在這裡運用一個簡單的例子，來說明如何運用人事資料進行有意義的統計分析，增進人員管理上的洞察力。一家企業從人事資料庫中，將不同的資料表進行統整，針對個別員工所整理出有關徵才管道、甄選方法及後續工作表現的資料整理成表 11.2。

如果這家企業欲了解是否不同的人才招募管道與甄選方式與正式入職後工作表現間的關係，就可以運用上面的表中的資料，進行相關或因果關係的分析。從上面的資料顯示，該公司的員工如果是透過報紙徵才而得，在未來離職機率會比其他徵才管道高。另外，從資料分析中也發現，如果新進員工能夠接受適當的試用輔導，可以提升其留任的機率。從這張資料彙總表的資料分析的結果，吾人的確可以掌握徵才管道、甄選方法與工作表現間的關係，有助於企業在選擇徵才管

表 11.2　徵才管道、甄選方法與工作表現資料之彙總表

員工姓名	徵才管道						甄選方法					工作表現			
	N	M	S	E	J	W	I	G	T	A	O	B	C	P	T
李浩元		*					*		*			2	2	1	1
吳家倫					*		*	*	*	*	*	2	2	2	2
薛紀綱				*			*	*		*	*	3	2	3	2
宋瑞圖	*						*	*	*	*	*	2	2	2	2
季乃文					*		*			*	*	1	1	1	2
劉湘琴	*				*		*		*			2	1	1	1
馮佩玉						*	*	*		*	*	3	3	2	2
曾國璋		*								*	*	2	3	3	2
林芳玟			*				*	*		*	*	3	3	2	2
歐陽佩珊				*			*	*	*	*	*	2	3	2	2
黃建達	*						*		*			1	2	2	1
鄭文章	*						*		*			1	1	1	1

N＝報紙、M＝專業雜誌、S＝人力銀行、E＝員工推薦、J＝職缺公告、W＝自我推薦

I＝面試、G＝團體面試、T＝專業測驗、A＝人格測驗、O＝試用輔導

B＝工作績效、C＝薪資逐年增加、P＝潛能評估分數：1＝低 2＝普通 3＝高

T＝任職狀況分數：1＝去職 2＝在職

道與甄選新進員工時，進行有效的決策。以確保員工未來工作表現的水準，並有助於日後企業人才的留任。

　　人才分析術主要是將人事相關之基本資料，轉化成量化資料進行資料間結構關係之分析。技術上可以從兩個方向進行，一個是「模型驅動式」（Model-driven）的資料分析，主要是建構特定模型來分析資料之結構，以驗證並合理解讀影響員工在工作行為，各項因素間的相關或因果關係是否存在（生產力、曠職、離職、工安意外、薪資提

升、晉升、偷竊……等），例如以往有許多研究就發現職場上的一些
訊號可以預測新任員工離職意願的可能性，包括：

工作行為上的訊號

- 避免視線接觸

- 停止微笑與祝福

- 工作動力降低

- 遲到早退

- 出現過多動怒或挫折的情緒表現

- 較少參與同事的聚會

- 工作中呈現被動式的服從

- 工作上呈現抗拒行為

- 經常缺勤

- 頻繁地申請內部轉職

- 過多個人工作外的社區活動

事件上的訊號

- 婚姻

- 懷孕

- 繼承家業

- 個人或家人健康出現危機

- 配偶工作區域調整

- 將達退休條件

- 與上司與同僚衝突

- 受到上司不信任的待遇
- 舊的上司離職及新的上司到任
- 感情深厚的同僚離職
- 無法順利晉升
- 職涯發展受阻
- 失信於高層主管

上述的這些職場上所出現的訊號,在人事基本資料庫中皆會有一些資料可以反映出來,包括:

- 缺勤資料
- 遲到資料
- 工作績效資料及其中之主管評語
- 員工調查結果顯示低度工作投入感
- 在同一職務上有著高於平均之任職年資
- 在同一職務上有著較少的給付水準
- 新任職務已一至二年(通常新任員工二至三年的離職率較高)
- 該員工在進公司前的各項職務任職時間之長短
- 員工內部轉職申請
- 員工是否經常提報有關員工關係方面之申訴

企業可以蒐集上述的資料,運用一些統計方法驗證這些資料發生的頻率或強度與員工離職傾向間的關係。另一分析的方向是探索性的

分析。假如，一家企業很想了解影響員工入職與留任的因素，可將所有員工歷年召募及離職面談資料與員工意見調查資料進行歸類整理，並且將專業職員工分為三個族群，其結果將可發現一些先前無法獲知的現象，表 11.3 即為其整理出來的結果。

表 11.3　不同族群員工在吸引入職、留職與離職因素之彙整

作業員		
吸引入職因素	**留任因素**	**離職因素**
●離家遠近	●公司福利	●晉升機會
●公司福利	●公司給假規定	●成長發展機會
●薪資給付水準	●主管的可親度	●主管回應積極度
●公司穩定性	●主管能力	●加班狀況
●主管的可親度	●工作安全條件	●公司懲處公平性
●工作時間	●工作上溝通狀況	●主管領導力

行政職員工		
吸引入職因素	**留任因素**	**離職因素**
●工作保障	●主管的可親度	●績效獎金
●薪資給付水準	●彈性工時	●晉升機會
●公司穩定性	●主管可信度	●公司賺錢潛力
●主管可信度	●公司對員工的關懷	●同僚間關係
●公司給假規定	●主管領導力	●成長發展機會
●主管溝通能力	●公司給假規定	●學習新技能的機會

技術職員工		
吸引入職因素	**留任因素**	**離職因素**
●主管可信度	●主管的可親度	●績效獎金
●公司穩定性	●彈性工時	●公司對員工的關懷
●主管溝通能力	●主管可信度	●晉升機會
●薪資給付水準	●主管回應積極度	●組織公平
●績效獎金	●主管領導力	●主管對其信任程度
●高層主管領導力	●主管溝通能力	●公司賺錢潛力

　　就表 11.3 的資料顯示，公司的作業員、行政職專員與技術職專員三個族群在吸引入職因素、留任因素及離職因素三個方面的訴求不盡相同。在吸引入職方面，作業員比較在意的是個人因素（離家遠近、薪資福利），行政職與技術職專員比較在意的是公司制度與主管領導。另外，在留任因素方面，作業員比較在意的是公司給假制度與福利，而行政職與技術職專員比較關切與主管的關係及工作時間的支配。最後，在離職原因方面，三者間的差異不大，皆顧及組織的公平性，包括晉升的機會與公司績效獎酬。透過資料的分析，組織可以針對行政職及技術職的重點基層人才在新人招聘及留才措施方面，就其個人需求，提供相對因應的方案，達到人才管理的效果，也可作為後續人才招聘與留才成效評估的依據。

　　上面兩個例子，僅透過資料的分類整理，就可以分析出資料間結構上的關係，有助於人事方面決策。事實上，如果資料變得龐大且複雜，則需要借重一些進階的「資料採礦」（Data Mining）技術，協助釐清資料元素間的關係，以便於解讀，並進一步作為人事決策的參考。

　　企業日常的各種人事管理活動中，不論是招聘、訓練、績效考核及薪資獎酬，皆會產生大量的資料。以往由於人才管理觀念與資料分析技術尚未普及，許多人事資料往往未進一步進行加值化的處理與運用。時至今日，數學與統計科學的發展，已可以處理不同形式的資料，這個發展對於人才管理上實務來說，實是一大福音。過去許多無法解釋的人事管理的現象，現今皆可透過研究文獻所提供的理論模式，透過資料分析上的驗證，有助於人才管理成效之評估。

沃爾瑪百貨與其他同業的案例

沃爾瑪成立於 1962 年，經過四十多年的發展，已經成為美國最大的私人企業和世界上最大的連鎖零售企業。目前它在全球開設了 6,600 多家商場，員工總數 180 多萬人，分布在全球 14 個國家，每周光臨沃爾瑪的顧客達 1.75 億人次，它也是全球前 500 大企業的前段班。

除了提供廉價的商品與舒適購物空間以吸引顧客外，沃爾瑪的科學管理是其成功關鍵。為回應如此龐大的零售業務的需求，沃爾瑪擁有一個規模空前的電腦網路系統，企業總部的工作總站和全世界各地的 5500 多個電腦工作站保持 24 小時熱線聯繫。1987 年，該公司建立了全美最大的私人衛星通信系統，以便節省總部和分支機構的通信費用，加快決策傳達以及資訊回饋的速度，提高整個公司的運作效率。

同時，沃爾瑪與 INFORMIX 公司（現已被 IBM 購併為旗下業務）合作建立龐大的資料庫系統，系統資訊總量達到 4000 千兆的海量，每天僅條碼閱讀機讀寫的資料就有 2500 萬位元組之多，總部每天和各地分支機構交換的資料達 1.5 億個位元組，這是世界上最大的民間資料庫。沃爾瑪藉由先進的資訊化管理，任何一件商品銷售都運用電腦系統進行分析，當庫存減少到一定量的時候，電腦會發出信號，提醒商店及時向總部要求進貨，總部安排貨源後送至離商店最近的一個發貨中心，再由發貨中心的電腦安排送貨時間和路線，在商店發出訂單後 36 小時內所需貨品就會出現在貨架上。

沃爾瑪的總裁就是依靠資訊系統，隨時調閱任何一個地區、任何

一家商場的營業資料，據此掌握哪裡需要什麼商品，哪些商品暢銷，從哪裡進貨成本最低，哪些商品利潤貢獻最大的資訊等。沃爾瑪運用資訊系統和消費者維持著密切的聯繫，同時系統也成為許多消費品製造商聯繫市場的重要管道，這個龐大的銷售網路，決定著許多商品的生產消費過程。

　　沃爾瑪企業總部也建立起人力資源資訊系統及運用資料採礦相關軟體，進行跨資料庫人資數據的分析。透過海量資料的分析，這家公司高層對於內部員工的管理深具洞察力。舉例來說，公司發現「員工的工作投入感」與「直屬主管的管理行為」有著顯著的正向直線關係（關係值高達 .9498），如圖 11.2 所示。

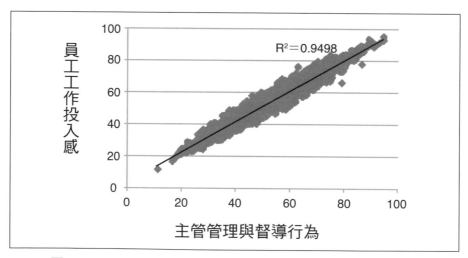

圖 11.2　員工工作投入感與主管管理與督導行為的相關示意圖

　　以往，人資單位需要進行大規模問卷調查及面對面的員工訪談，才能探知員工的工作投入程度。這項工作既費時又費工。由於公司透

過巨量資料相關統計分析結果，已發現主管的管理與督導行為與員工工作投入感呈現高度正相關。人資單位僅須調查員工對於直屬主管的管理與督導行為的個人認知及感受，即能確實掌握員工的工作投入感，讓人資單位可以節省不少的時間。

另一個有趣的例子也是關於員工工作投入感方面巨量資料分析的啟示。在過去的經驗理，員工工作投入感與工作績效呈正向的關係。員工工作投入感高，可以預知員工的個人工作績效水準也會相對地比較高，進而推估組織的營運效率。但是在沃爾瑪公司裡，巨量資料分析的結果卻有截然不同的發現，公司的銷售營業額竟然與員工的工作投入感無關，反而與客戶在忠誠度量表所反應的分數成正的高相關。也就是說，當客戶的忠誠度高的時候，企業的銷售營業額也會跟著提高。

除了員工投入感、主管管理與督導行為影響分析外，沃爾瑪也運用統計學中的「存活分析」（Survival Analysis）技術，分析「在不同時間點，各類員工的離職狀況」，使得公司對於不同時間點各類員工離職率的瞭解與掌握，更為精準。

另外一個出現在文獻中的案例也是某家零售企業，該企業在美國有超過 350 家以上的分店。這家企業在主管的任用管理上，透過巨量資料分析，發現了一個有趣的現象。

首先，該公司分店主管平均任期接近 2.6 年。公司希望這些店主管留任的時間最好長一點，因為根據以往直觀的經驗，年資較長的店主管通常管理經驗也比較豐富，有助於各分店的銷售業績的成長。但是，當公司人資單位就店主管的年資與各分店的銷售業績（包括銷售

額及獲利額）進行巨量資料的分析，同時並控制各分店之規模，也就是占地面積後，證明上述的直觀推論是不正確的。店主管的年資的確會影響各分店的業績表現。但是，這個關係並非線性關係，而是一個非線性的關係，如圖 11.3 所示：

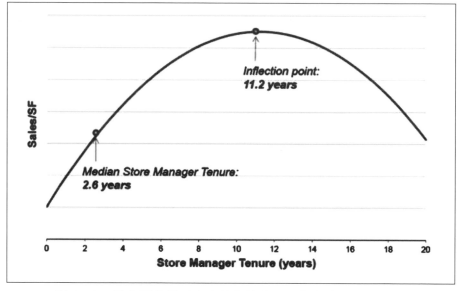

圖 11.3　某家零售業分店主管年資與分店銷售業績間之關係

　　當店主管的年資小於 11.2 年時，的確年資與其掌管的分店的業績呈現正相關；但是當店主管的年資超過 11.2 年，年資與其掌管的分店的業績卻呈現負相關。資料分析的結果的確對於該公司在店主管的任用上產生作用，公司一方面要想辦法留任有經驗的店主管，可以確保分店的營業績效；但是另一方面也要留意各分店主管的年資，當分店主管的年資接近十年的時候，公司必須運用輪調的方式，將其調至其

他營業單位，否則可能會影響分店的業績表現。

上述美國沃爾瑪與其他同業的案例清楚地說明，透過公司跨資料庫系統的巨量資料的分析，的確可以提供企業對於人才管理更深入且更精確的洞見，並有效提升人才對於組織的貢獻。

致讀者：把這本書用出來！

如果你是一位企業主或是高階主管…

　　希望本書的內容能夠喚起你對人才的重視及同意人才管理會需要採取系統性的做法。也許你個人不具備人力資源管理專業，但是我相信透過本書的內容，能夠因此理解「人才管理在一個組織裡是屬於策略層次的管理工作，需要投入大量的資源與努力，才能做出績效」。你應該可以透過本書所建議的一些做法，讓組織人才管理朝向比較正確的方向前進，達到一定程度的成效。

　　首先，**你可以從書中所學到的知識，協助你找到一位適任的人資主管**，負責整個專案的設計規劃，給予其足夠的資源來推動、執行人才管理。組織人才必須要有足夠的資源來管理與發展，如果組織不能挪出足夠的資源來進行人才管理，很難產生顯著的成效。

　　第二，**身為一個企業主或高階主管，你必須將人才管理列為一項與業務、研發、生產管理同等重要的事**。事實上，組織裡面如果有足夠多且優秀的人才，可以為企業主及高階主管分擔大部的工作任務，不需企業主與高階主管勞神費心。由於人才管理

屬於策略層次的管理工作，你必須責成其他部門主管共同與人資單位擔負起人才管理的責任。部門主管必須學習如何能夠有效率地辨識人才、培育人才、考核人才及激勵人才。目前市面上已有許多管顧公司及法人單位提供相關課程（例如「中華人力資源管理協會」、「人事主管協會」等），協助經理人發展這方面的專業知識及技能。所以，企業主及高階主管必須將單位人才管理績效作為部門主管年度績效目標的一部分，並從管理的成效，檢視當事人的領導能力。

第三，**你必須學習監控及掌握人才管理的績效**，本書最後一章是一個好的開始。你必須學會解讀每一個人才管理成效指標的意涵，同時在每一個人才管理的階段，收集足夠的資訊，量化成這些數字指標，讓你能夠隨時監控組織人才管理的成效。市面上已有許多本土廠商開發的人力資源管理資訊系統（例如，「104 人資學院」、「叡陽」、「明基逐鹿」等公司所開發的人資管理資訊系統等）可以協助人資單位登錄及彙整員工管理的相關資訊，而這些資訊就是量化人才管理績效指標的資料源。

最後，身為一位企業主或高階主管，請千萬**不要輕忽人才管理對於組織的影響**。好的人才固然可以幫助企業成功，而不好的人才更易讓企業走向衰敗。但是，人才管理與發展需要時間，不可能短期內馬上見效，需要長時期的投資與努力。所以你必須要有耐心，就如同身為一位家長，耐心的培育自己的子女一樣，只要能掌握正確的觀念與方法（本書就是告訴你一些關鍵的觀念與做法），最後一定可以看見成效，讓人才成為組織最堅實的競爭力。

如果你是一位企業人資主管⋯

我相信只要能耐心逐字地看完本書，應可以掌握人才管理系統性的觀念與做法。也許人才管理對你來說不見得是一個陌生的觀念，但是「魔鬼藏在細節裡」，許多企業人資主管具備了許多人才管理的觀念，但是在企業內卻無法有推動有效率的人才管理相關措施。為什麼？本書雖然提供許多答案，但是我個人仍建議各位在設計與進行相關專案計畫前，仍須顧慮以下幾點，可以讓你在企業組織內部推動人才管理措施前，有足夠的心理準備，同時也可以讓你先行熱身一下，避免受傷。

第一，**管理制度、作業流程與資料表單的設計，是組織落實人才管理的基礎**。任何人力資源管理功能能夠落實，必須要有清楚明確的制度作為基礎。制度中說明各項管理活動的作業流程及相關資料的蒐集處理方式，讓整個人才管理行政有所依。人才管理制度的設計必須與其他人力資源制度與措施能夠相互搭配，包括：

- 教育訓練制度；
- 績效管理制度；
- 績效改善計畫；
- 員工發展計畫；
- 晉升調任制度；
- 獎酬管理制度；

● 組織留才計畫。

本書各章節已說明人才管理各階段的做法，你可以參考設計規劃貴公司的制度。但是徒有制度、作業流程與資料表單本身並不保證貴公司的人才管理一定會有卓越的成效。但是話說回來，沒有明確的制度、作業流程與資料表單這些系統性的管理做法，我敢拍胸脯，掛保證，確實的說，貴公司的人才管理絕對不會長保成效。僅靠企業主或公司少數掌權的高階主管個人主張及意志來進行組織人才管理，這種排除制度化管理人才的態度絕不會是公司長治久安的做法。

第二，**行銷溝通是必要的過程**。你必須認清一個事實，在許多企業組織裡，人力資源部門屬於後勤支援單位，其重要性絕對不會超越任何一個業務單位，因此公司也不會提供大量的資源挹注在人力資源管理上。基於此，身為一個人力資源主管，為了要充分展現你個人的專業，提升組織人才資源的價值，推動人才管理的觀念與做法，你就必須進行大量行銷與溝通的工作，不僅要讓組織各階主管認清人才管理與發展是所有主管的共同責任，同時也要懂得把他們拖下水，一起投入。透過晉升、績效及激勵制度的設計，讓組織中的經理人分擔導師（工作指導）、講師（知識傳承）、教練（心智發展）的工作，一起為人才發展而努力。

第三，**人才發展應聚焦在經理人的領導力培育上**。領導力是國內各級教育所忽略重要的職場能力，但是卻是所有企業生存競爭最重要的能力。本書第3、6、9章的內容皆觸及領導力議題。身為人力資

源主管可以按本書的建議，先建置組織領導／管理職能模式，定義企業領導人才的規格，再據此規畫設計領導力發展活動。本書建議領導力的發展應以工作歷練為主，再輔以經理人教練（Executive Coach）協助及課堂知識技能的傳授。至於組織最高主管 CEO 的接班計畫，人資主管的角色就是扮演一位稱職的資訊提供者，提供董事會成員全面的人事相關資訊，讓董事會能夠據以做出正確明智的決定。

最後，**身為人資主管，你要了解企業人才管理相關制度與做法不能一成不變，必須因應環境不斷地動態調整。**

第 3 章我們已談及：職能模式應隨組織各階段的發展策略進行調整或重建，相關制度與作法也必須隨之調整或重建。除了組織策略是人才管理措施必須依據的準則外，身為人資主管必須透過數據檢視組織人才管理的成效，本書最後一章提出一些關鍵人才管理績效指標，就是要提醒人資主管要隨時檢視組織人才管理與發展的成效。另一方面，你所帶領的人資部門平日也須提供你人事方面選、訓、用、留等統計報表，幫助你深入解讀組織人力資源方面目前的發展狀況，更讓你能正確掌控公司人才管理未來應發展的方向。

如果你是一位企業其他部門主管…

也許你認為公司裡人資業務的成敗不關你的事，但是本書提醒你，人才管理是企業所有主管共同承擔的責任。人資單位負責

制度與作業流程的設計，而真正負有執行責任者，則屬各單位的主管。在人才管理的過程中，你必須學習如何甄選辨識能夠為組織所用的人才、進行工作指導以培育部屬、公正地考核部屬及建議組織給予員工應獲取的績效獎酬，並有效處理不適任的員工。本書作者建議你應學習抱持一個有助於組織高效化人才管理的正向態度。

第一，正視人才管理技術是一項專業。

根據作者過去顧問諮詢的經驗，許多企業主管自認個人歷練已足，有足夠的能力依賴個人的經驗來辨識及培育人才。可是，許多實徵研究顯示漫無系統地進行人才管理，部門各自為政的結果會產生許多後遺症：

- 主管對於「什麼是人才？」，可能每個人抱持觀點相差甚大。在沒有共識的情況下，很容易導致意見衝突，更可能因人事問題成為主管間糾紛的導火線。
- 組織各部門人才管理成效落差很大，有的非常好，有的卻非常糟糕。
- 員工對於組織人才的標準不一，常感到茫然且不知所措。
- 很多優秀的人才摸不清楚個人職涯發展的機會，也不知道如何展現自己的能力讓組織能夠滿意，最後只好選擇離開去尋求更好的機會。
- 人才無法成為組織競爭力的來源，間接地影響公司的業務發展。

如果你任職的公司有上述的問題，身為主管的你必須學會正視人

才管理是一項專業技術，必須交由人資專業人員來負責。同時，你也必須學習配合人資單位來協助執行，使能克竟其功。

第二，你的領導力展現可以反映在部門人才管理的成效上

數據管理是現代企業經理人所須具備的基本能力。也就是說，身為經理人必須能夠收集及利用關鍵數據來反映目前所面臨的管理現象，同時也能夠清楚地解讀數據所呈現出的管理意涵，以確實掌握所處的管理現狀。

本書最後一章可以協助你掌握部門人才管理的現狀。身為公司的經理人，你可以從整個組織人才管理績效指標中，進一步分解成部門人才管理績效指標，並從中分析目前部門人才管理在人才獲取、運用、發展及留任方面的管理績效及可能遇到的問題瓶頸。你就能與公司人資單位共同合作，來尋求解決的方法，以確保部門人才水準維持高檔，發揮應有的效能。基於此，你展現的領導力會著實反映在部門人才管理的成效上。

人才管理大戰略
決定企業長期強盛或短暫成功的關鍵經營技術

鄭晉昌 博士　著
邱立基　　協助寫作

Traditional Chinese edition © 2015 by Briefing Press, a Division of AND Publishing Ltd
All Rights Reserved

大寫出版

書　　　系	■	使用的書 In-Action!　書號 ■ HA0046
著　　　者	◎	鄭晉昌
協助寫作	◎	邱立基
內頁設計	◎	唯翔工作室
行銷企畫	◎	王綬晨、邱紹溢、陳詩婷、曾曉玲、曾志傑
大寫出版編輯室	◎	鄭俊平
發 行 人	◎	蘇拾平

出 版 者 ◎ 大寫出版 Briefing Press
　　　　　　台北市復興北路 333 號 11 樓之 4
電　　　話 ◎（02）27182001　傳真：（02）27181258
發　　　行 ◎ 大雁文化事業股份有限公司
　　　　　　台北市復興北路 333 號 11 樓之 4
　　　　　　24 小時傳真服務（02）27181258
　　　　　　讀者服務信箱 E-mail: andbooks@andbooks.com.tw
　　　　　　劃撥帳號：19983379
戶　　　名 ◎ 大雁文化事業股份有限公司

初版七刷 ◎ 2021 年 2 月
定　　　價 ◎ 380 元
ISBN　　978-986-6316-96-8

國家圖書館出版品預行編目（CIP）資料

人才管理大戰略：決定企業長期強盛或短暫成功的關鍵經營技術
 鄭晉昌 著，邱立基 協助寫作
 初版／臺北市：大寫出版：大雁文化發行，2015.03
  面；公分（In-Action!　書系；HA0046）

ISBN 978-986-6316-96-8（平裝）

1.人事管理　2.人才

494.3   103001353